纺织服装高等教育"十二五"部委级规划教材

东华大学服装设计专业核心系列教材

刘晓刚　主编

服装文化概论

黄士龙　编著

东华大学出版社

·上海·

图书在版编目(CIP)数据

服装文化概论/黄士龙编著. —上海：东华大学出版社，
2015.5
ISBN 978 - 7 - 5669 - 0717 - 2

Ⅰ.①服…　Ⅱ.①黄…　Ⅲ.①服饰文化-概论　Ⅳ.①
TS491.12

中国版本图书馆 CIP 数据核字(2015)第 018211 号

责任编辑　徐建红
封面设计　高秀静

服装文化概论
FUZHUANG WENHUA GAILUN

黄士龙　编著

出　　　　版：东华大学出版社(地址:上海市延安西路1882号　邮政编码:200051)
本 社 网 址：http://www.dhupress.net
天猫旗舰店：http://dhdx.tmall.com
营 销 中 心：021-62193056　62373056　62379558
印　　　　刷：上海颛辉印刷厂有限公司
开　　　　本：787 mm×1092 mm　1/16
印　　　　张：12.5
字　　　　数：350 千字
版　　　　次：2015 年 5 月第 1 版
印　　　　次：2022 年 1 月第 4 次印刷
书　　　　号：ISBN 978 - 7 - 5669 - 0717 - 2
定　　　　价：47.00 元

目 录

第一章

服 装 概 述

　　服装是每个人的生活必需品。现代社会的服装更是多姿多彩，其特征、功能及其发展等文化方面的内涵，是开展设计、走向市场、获取效益的基础。本章作为开卷之语，就从这些问题入手，逐一进行阐述。

第一节　服装的特征

　　世间的每个人,自从来到人间,就与服装结下了不解之缘。冷暖寒暑,是季节的变化,添衣减装,就是对衣着的认识。虽是婴孩并无学识,但见红色之布,亦会发出含混不清的似"美"的咿呀之声。这就有了爱美的朦胧的意识,尽管是直观的,却是服装审美的表现。随着岁月的推移,人们对服装的认识也逐年增长,诸如流行趋势、穿着风格、设计主题等。

一、服装、成衣

　　既然服装是每个人都离不开的,每天都须穿着,看似好像很了解,可若要问"服装"是什么,或"服装"有哪些含义,是否能讲清楚呢?

(一) 服装

　　至于什么是服装、服装又包括哪些含义,学者、专家等都做过很多阐述、论证,含义更是颇丰。而最简单的说法是,服装是身体的外部包装,即包裹身躯、且能自由活动、由材料构成的物件。稍加具体的话,可以这么理解,现代服装以现代社会提供的物质和精神财富为基础,以适合人体为目的的物质构成,是技术和艺术的组合体。在遮体和美化的前提下,融入更多的是现代人的社会生活、工作休闲等方面的内容,诸如显示身份、体现风度等,扮演着人际交往的重要角色,即交际工具,是现代社会人们传递信息的基本的媒介之一。诚如美国学者 Susan B. Kaiser 在其所著《服装社会心理学》中讲道:"服装不只和我们日常生活关系密切,它更可以用来解释各种基本社会历程,并且在视觉上造成极大的冲击"。[1]明白服装的含义之后,即可谈成衣了。

(二) 成衣

　　生活中,"成衣"很少听说,而只闻"服装、衣裳",那么,何谓成衣呢? 成衣是工业革命、产业分工的产物。成衣,法语为"Pret a Porter",英语为"ready to wear",是指依据人体所归纳出的相对标准的尺码(分别以 L、M、S,表示大、中、小款式规格),由机械化生产线批量生产,成本低、价格优的服装,类今之快餐。也有释义更直白的,即那些"已经完全做好,可以供人穿着的衣服"。应该说,成衣是面对范围广泛的民众生产的大批量的服装成品,是满足大众穿着需求为目的的消费品。它是社会发展的产物。

(三) 成衣的发展

　　英国的工业革命、法国大革命结束了封建专制,开创了资本主义新局面,社会快速发展,使全球的经济增长模式得以改变。产业分类成行,分工更加明确,形成各相关行业。大量的农村人口来到了城市,成了城市工人,社会结构亦随之改变,城市文明程度提高,加速了城市化进程。服装成衣化就是在这个社会前提下得以展开。它以机械设备替代了手工缝制,进入大批量生产的年代,以满足社会需要。成衣的兴起还与法国的高级时装(高级定制服)关系密切。因定制形式只为极少数人所能接受,即只能为特权阶层的消费服务,而极难推广普及。这就为成衣的问世提供了空间。这可以美国为代表。

---

[1]　Susan B. Kaiser. 服装社会心理学[M]. 李宏伟,译. 北京:中国纺织出版社,2000.

美国成衣业崛起之时,适逢法国高级时装发展的低迷期。还在一战时,许多服装作坊、工厂被征用生产标准化的军服,这促使劳动力增加,以应付生产的扩大,借此达到高速、高产的目的。特别应该指出的是,这些工厂中有些生产能力和技术设备已有了可观的改善和发展(图1-1),如带式裁剪刀的应用,就极大地提高了面料批次的裁剪量,效率大为提高。"服装版型"的流通,更是功不可没。不少学者在研究美国这段历史时,也看到了设备和管理的领先的作用(也是20世纪20年代美国经济繁荣的原因之一),"这种以自动化、标准化和流水线为标志的大规模生产方式……由于需要更多的资本投资和更科学的组织管理系统和指挥系统,大大推动了汽车、电力、橡胶、钢铁、煤炭、服装等领域的企业联合",促进了制造业等相关产业中的生产关系和生产力的发展的相适应。服装的成衣化,也受惠于此。[1]此后几十年的发展,终于成就了美国在国际服装界的领先地位。

图1-1 美国纽约市成衣工业发展初期典型的制衣厂情景

由于成衣具有快速满足市场需求,及资金回笼快的优势,各国因此都很重视成衣的生产,发达国家成衣化率普遍较高,除美国外、德国、日本、英国等可为代表。

机械设备生产之成衣在我国,最迟当在1872年。这年的11月14日上海《申报》发布了一则某洋行的缝纫机广告,其标题即为"成衣机器出售"(图1-2),明白醒目。同一版位,连续刊登三月[2]。这近百天的连续的刊出,使"成衣"这一概念向世人作了启蒙式的推广,亦带动了上海成衣业的生产。由于基础薄弱,在此后的百年间,成衣在我国发展缓慢。进入20世纪80年代后,我国成衣业才有了新的大突破,且发展快速(图1-3),至90年

图1-2 "成衣机器出售"广告。"成衣"这一概念开始在中国传播

[1] 何顺果.美国史通论[M].上海:学林出版社,2004.
[2] 陈培爱.中外广告史(第2版)[M].北京:中国物价出版社,2002.

代,就成为世界成衣加工和出口的大国。与此同时,成衣的文化建设也普遍开展,即进入成衣的品牌打造的时代。

图 1-3　上海宝山城厢镇百货商店提供的秋季服装

二、穿着多样闲适化

衣着之事,关乎每个人,不少人还有较贴切的感受:着装丰富,观之闲适。这是经济繁荣之使然。人们的生活毕竟告别了短缺经济之时代,购买生活用品再不愁什么票证了(1983 年 12 月取消布票),生活开始有了新气象。

(一) 生活改善

吃什么、怎么穿,成了人们日常的口头禅。生活的质变发生了。为解此困惑,1993 年《精品购物指南》杂志问世。这是改革开放后我国创办的一本专门介绍吃喝玩乐的杂志。精彩的生活就此步入新天地,也预示国人奔小康的开始。

说起生活的改善,大家都有不同程度的感受:物质的丰富,令经历过 20 世纪六七十年代的人惊讶不已,这在那个年代是做梦都不敢想象的。1995 年《读书》杂志刊登过一幅《全民奔小康》的作品,形象地描绘了民众改善生活的强烈愿望,及其明确的追求目标(图 1-4)。

图 1-4　形象的描绘了全民奔小康的情景。1995 年《读书》

我国百姓生活的不断改善,使国人能够从“劳动－休息”这单一的形式中脱身而出。城镇和农村居民收入的增长,城乡居民人民币储蓄的增长,以及城镇建设速度的加快,农业人口的转型和收益的改善,促使不少人摆脱了传统的生产、生活方式。这说明百姓生活有了改善,人们具有了消费的主观愿望、经济能力和客观的市场环境。

主要年份城市居民家庭人均消费支出

单位:元

年　份	平均每人年消费性支出	食品	衣着	家庭设备用品及服务	医疗保健	交通和通信	教育文化娱乐服务	居住	其他商品和服务
1985	992	517	151	118	5	30	91	43	37
1990	1 937	1 095	208	196	11	58	231	90	48
1995	5 868	3 131	561	637	113	321	508	401	196
1996	6 763	3 429	590	614	148	496	827	416	243
1997	6 820	3 526	552	525	197	397	828	605	190
1998	6 866	3 477	472	453	261	406	893	674	230
1999	8 248	3 731	551	772	347	583	1 094	842	328
2000	8 868	3 947	567	683	501	759	1 287	794	330
2001	9 336	4 056	577	579	558	958	1 422	796	390
2002	10 464	4 120	613	653	734	1 115	1 668	1 189	372
2003	11 040	4 102	751	792	603	1 259	1 834	1 280	419
2004	12 631	4 593	797	780	762	1 703	2 195	1 327	474
2005	13 773	4 940	940	800	797	1984	2 273	1 412	627
2006	14 762	5 249	1 027	877	763	2 333	2 432	1 436	645
2007	17 255	6 125	1 330	959	857	3 154	2 654	1 412	764
2008	19 398	7 109	1 521	1 182	755	3 373	2 875	1 646	937
2009	20 992	7 345	1 593	1 365	1 002	3 499	3 139	1 913	1 136
2010	23 200	7 777	1 794	1 800	1 006	4 076	3 363	2 166	1 218
2011	25 102	8 906	2 054	1 826	1 141	3 808	3 746	2 226	1 395
2012	26 253	9 656	2 111	1 906	1 017	4 564	3 724	1 790	1 485

注:本表数据为城市居民家庭收支抽样调查资料,由国家统计局上海调查总队提供。见《上海年鉴》

生活安定,收入提高,人们的心情舒畅,健康水平提高,因而人寿平均年龄得以提高,这是生活改善的体现之一。再者,个税起征点的再次调整,从 1 600 元到 2 000 元,短短几年,两次大的调整,充分反映了党和政府对百姓的关心。尽管少收了 300 亿元的税,可人民的收入提高了,手头货币宽裕了,必也促进消费。而时尚传播的力度又是相当快,且服装作为最形象的载体之一,更是人们的最佳的选择,所以,服装的消费占了较大的比重。如今,置身闹市,但见行人穿戴整齐,衣着入时,式样繁多,呈多样化的发展趋势,就是再形象不过的证明。

(二) 追求闲适

现代人讲究生活质量,追求闲适的生活情态。闲者,往往指有时间,俗话说难得有闲、今日得闲等,即为"闲暇、空暇"之义;适者,即为舒适、舒服。二字叠加"闲适",清闲安逸,是由内而外的一种自然心态的流露。这是一种较高的生活境界,是物质和精神的高度融合。现代人追求闲适,已经到时候了。据有关研究结论,人均 GDP 超过 1 000 美元,国民就有休闲的要求了,我国早就过了此限。这是从国民生产总值立论。而客观上我国也已具备了"休闲"的条件,即"时间杠杆"的作用。1949—1994 年,我国一直实行每周六天、每天 8 小时工作制,全年工作时数约为2 448小时。1994 年 5 月 1 日,才开始尝试每周 5 天半工作制,即隔周多休一天;1995 年 5 月 6 日起实行每周 5 天工作制,双休日正式走进人们的生活。一年有 110 多天的休息日,这就从时间上保证了"休闲"的实施。休闲消费也就于此跟进、展开。

我国政府支持和鼓励人们将劳动所得用于文明、健康、积极的休闲,更全面地发展自己。于是,休闲活动就在神州大地蓬勃掀起:从"睡觉"到"度假",从"吃喝玩乐"到"健身益智",还形成了"休闲产业",成了拉动经济发展的杠杆。随着各省市休闲规划的相继出台,全民休闲必然会在一个更大的平台上得以展开。休闲已成了一种社会需要、一种生活方式和行为方式。

(三)休闲服装

由于人们的生活态度、生活方式、生活形态等发生了根本的改变,休闲已逐步演化为生活的主流。作为承载时尚的物质表征的衣着文化,"休闲"就成了服装界的主要话题,各种以"休闲"之名的服装纷纷登场,以迎合国人对轻松生活状态的渴望:从生活、运动到商务,统统"休闲"了。仅以商务休闲服为例,就演绎出公务休闲男装、政务休闲男装、行政休闲男装、商旅休闲男装……这是从外表、形式上对"休闲"的满足。

"休闲装"相对正装、职业装而言,它具有突出个性、不重身份、注重文化氛围渲染、崇尚搭配随意、穿着自由舒适及更方便、更合体的特征和风格。

"休闲"二字见于服装,早在 20 世纪 80 年代。那时西服盛行,但也有人觉得它穿着时的要求多,且对身体亦颇多束缚,于是,一种介于正装和生活装之间的西便服就产生了。可以说,这是最早的休闲装了。而最集中展示休闲装的,可数 1997 年宁波国际服装节了。如太平鸟休闲服饰、唐狮休闲装、威鹏牛仔休闲装、稻草人休闲装、派休闲装等近三分之一的企业,都以独特的休闲风格为市场提供了轻松活泼的款式。一种名为"星期五"的商务装(也是一种休闲装,着意宽松),也在该年提出。如今,休闲装正以其强势的市场魅力吸引着广大消费者的关注。这是休闲装适合穿着个性之使然。

三、产品开发功能化

经济的繁荣带来了生活质量的提高,人们对衣着文化有了更新更高的要求,既要穿出美感、舒适,满足审美心理,又要能够对身体有所助益,即通过服装为人们的健康、保健提供服务,这是人类着装史的一大飞跃。

(一)美化自身的飞跃

进入现代社会,衣装的实用性已渐次弱化,逐步趋向功能化,即重视功能开发,以服务消费。于是,不少多功能及高科技的奇妙服装得以问世,以满足人们的生活和工作之需。多功能有变色、发光、晴雨寒暑两用、自调厚薄、驱除蚊蝇等服装;保健类有减肥、能呼吸、中草药保健、防治冠心病、中药透热等服装;高科技有无线缝制、喷丝成衣、遇水可融、可吃等服装;而奇妙功能则有工作救生两用、不怕电击、防火耐热等安全服。这表明,现代服装正向多功能、高科技方向发展,可以想象,未来的服装不求名贵,但求方便,更求舒适的"绿色"服装。

(二)功能服装品种新

功能服装的开发,除上述多数尚处研究实验阶段外,也有少量已进入实际流通领域,进入市场,满足消费需求,高度舒适,穿着更美观,更能衬托着装者的文化修养,即更好地服务于穿着者。运用新纺织材料研发的塑身美体功能服(纠正体形不足),为现代人增添风度美的保暖内衣,还有抑菌作用的保健衣、防辐射装,以及散发芳香的香味服装等,都在生活、工作、社交等方面发挥了积极的作用。另有特殊需要的如宇航服的研制,也取得了令世人瞩目的成就。我国"神七"宇航员出舱太空行走所穿之服装,及其以后各次的宇航员着装,无不是我国纺织服装高科技成果的凝聚。

(三)功能服装潜力大

随着科技水平的不断提高,纺织材料的加速革新,面料新品不断推出,进而加速了功能服装的研发。例如法国的减肥服、日本的"夜光衣"、英国的"生命衬衫"、仿生防弹服等,不少尚处试验、实验性阶段。而防弹服与时装的结合,倒是成就了某些服装商人的大买卖,出尽风头。

而高新技术的迅猛发展,促使一批具有特殊功能、适合某些专业人员穿着的新型服装相继面世。如发热运动服,是冰雪运动者的福音;智能救命衣,据说已试用于美国海军陆战队。而英国研制出的一种新型液体防弹衣,既可为士兵提供有效保护,又能使他们灵活运动,摆脱传统防弹衣的束缚。其他如具有 GPS 导航功能的夹克(图1-5),亦为特殊人群带来福音。在纺织科研机构的重视下,作为百姓日常功能服装的开发,相信不久将会见于市场。

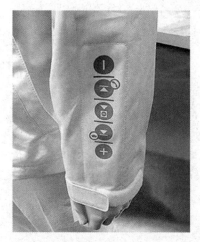

图1-5 GPS 导航夹克

四、流行经济大众化

流行是经济发展的助推器。在社会发展的进程中,流行因素随时随地在发挥着作用,以致成了范围广泛的群体性的热门话题。各类商品的消费大多以流行为指归,商场、展会、节目等的纷纷助阵,在社会上引发了一波又一波流行热潮。

(一)范围广泛

如今,流行作为一个词汇,在社会上的影响是非常广泛的。各行各业都在创造着流行,衣、食、住、行,精神和物质两大层面,都存在着流行,各种流行不时会涌动而出。由于20世纪80年代以来的积极推广和宣传,"流行"已广布民心,特别是城镇闹市,流行已成了人们的生活内容之一。尤其是购物消费,人们往往会有所咨询,做到心中有数。服装行业就是如此。有趣的是,流行本属年轻人的专利,可很多上了年纪的人,也开始关心起流行的行情(图1-6)。这表明,流行作为一种文化,已在更广大的范围内担负起指导和引领民众更优质生活的重任。

图1-6 男女老少对服装表演都给予较大的热情

(二) 活跃商品

在整个商品类别中,服装作为最全面、最形象、最实在的时尚载体之一,其魅力最能引起市场的轰动,是抓眼球的商品,且影响范围广泛,不分男女老少,亦无贵贱层次之别。可以说,是全社会关注、关心的话题。首先是社会商业网点的布局中,百货商厦中的服装是其大宗、重头,无论上海的南京路、淮海路、徐家汇,北京的长安街、建国门,江苏南京的新街口、四川成都的总府路等,都是以服装为主要经营对象,或重女装,或谓主题商厦,或专卖见长,且商户密度高,几乎一家紧挨一家,实为罕见(图1-7、图1-8)。这些都为一流品牌的生产、展示和销售创造了优良的商业环境。

图1-7 上海南京路上密集的商厦和人群

图1-8　改革开放后兴起的服装专业市场同样密集度很高

　　且各项营销活动,也离不开服装的点缀。甚至各大展会,即使和服装无关,也会点缀出样。就是型秀这样以年轻人为主的大型活动,更有品牌商以自行设计的服装为夺冠者添彩。就是电视节目,也常见主持人之服装为某品牌提供、或某服装品牌成为某栏目活动奖品之赞助商。可以说,服装的形象魅力无处不在,实在是最为活跃的商品。

(三) 模特演绎

　　上述活动的顺利进行,很大程度还需一个角色的完美配合,即模特。刚开始时,服装表演也仅是娱乐而已,人们把模特看成是表演服装的载体。各单位也争着请模特们去表演服装,这在当时是很时髦的娱乐活动,是种纯粹的娱乐形式。可谁也没料到模特如今已演化为一种职业,一种行业,一种人见人爱的艺术表演。模特从最初的服装大类扩大到多个行业,车展有"车模",房屋销售有"房模",销化妆品有"妆模",大至国际盛会都可见到模特活跃的身影(图1-9),还有细化到局部的"脸模""手模""脚模",甚至"指模"等。可以说,各行各业都需要模特展示商品。

图1-9　2010年上海世博会闭幕式上模特们的尽情展示

各行业对模特的需求,也促进了模特培训机构的应运而生。为加强对模特的培养和引导,不少高校增设服装表演专业,一批批经过专门训练的模特,正源源不断地走向社会,服务企业,展示既有身姿、更具内涵的演绎风采。

五、穿着重健康、环保

生活改善的人们以健康为基本追求,而过度的资源开发又造成环境、地质等灾害的频发,对世人的生存空间产生严重威胁。因此,保护环境、维护家园安全成了地球人的主要内容和重要职责。服装的环保节能也是其中之一。

(一)背景

健康、环保是近年来日益受到关注的重要话题,极具世界意义:人们要求穿着健康、讲究生活质量,这是现代社会发展的必然。这之所以引起全球的重视,缘于科技的快速发展,而使人们的生活模式和价值观念发生积极改变,是社会进步的表现;但由此所引发的资源、能源消耗的加速,亦对地球的生态环境造成了巨大的破坏,诸如温室效应、植被毁坏、稀有物种的濒临灭绝,污染等,各国都不同程度时时发生着,严重威胁着人类赖以生存的环境。这是高度发展的工业化给人类社会带来的现实恶果。20世纪末有识之士发出了"自我毁灭"的警告,引起了各国政府的高度重视。保护环境,回归自然,逐渐成了人们的共识,并形成一股世界性潮流。于是,"绿色设计"就此萌生。就服装领域而言,即从环保、健康入手开展设计,以引导人们进入一个崭新的消费领域。

(二)内涵

所谓环保服装,是指经过毒理学测试,包括 pH 值、染色牢度、甲醛残留、致癌染料、有害重金属、卤化染色载体、特殊气味等化学刺激因素和致病因素,到阻燃要求、安全性、物理刺激等方面,都要达到严格规定,且涉及面非常广,仅染料涉及的致癌芳香胺中间体就达 22 种之多。这种服装还有相应的标识。这首先引起纺织新素材的开发。英国 Couktaulds 公司开发的 Tencel 新型纤维素纤维,因在制造过程中无污染,故被称为"绿色纤维"、"环保纤维"。而美国培育出的彩色生态棉,因其不用染色,实现了纺纱、织布和成衣全过程的零污染,所以,彩棉纤维亦被称为"绿色纤维"。还有国际上各种新材料的不断涌现,如生态羊毛、再生玻璃、碳纤织物、酒椰纤维、黄麻纤维、龙舌兰纤维、菠萝纤维等植物纤维都被用于服装上,连一向不为注意的蒲公英,也取代羽绒用作填充物。再有染色采用有机染色法,确保了织物的环保、无害。

当然,"绿色设计"并非单纯是技术层面上的问题,更重要的是观念上的变革。它要求设计师在真正意义上的创新,用更简洁持久的造型使产品尽可能地延长其使用寿命。如日本设计师川久保玲、英国设计师维维恩·韦斯特伍德的作品,都显示了这种设计倾向;反对铺张浪费,强调节俭和废物的再利用。而各种仿毛皮及印有动物纹样面料的受欢迎,就源自保护环境、保护生态、保护家园的心理。

(三)实践

绿色环保作为一个设计理念,引入时装始于 20 世纪 80 年代,而 1997 年 2 月在德国杜塞尔多夫最新成衣展(CPD)中,首次有环保服装的集中展示。来自德国、丹麦、瑞士、美国、芬兰、奥地利等 33 家服装公司的最新生态时装集中进行了展示,还评选出了时装环保奖,将绿色环保理念推向了一个更新的高度,使得环保、休闲、健康开始成为一种世界性的语言。西班牙《世界报》

更评出了世界十大环保先锋人物,意在表彰他们对保护地球的辛勤劳动,同时呼吁更多的有识之士加入这个行列。正是这些宣传推广的作用,引起人们的广泛重视。欧洲和北美超过50%的顾客会关心产品生产中的环境保护。[1]我国也有如此的消费倾向,绿色服装的市场前景也很广阔,即使价格偏高,也有四成左右的人表示愿意消费绿色服装。[2]

　　知名品牌更是身体力行。Zegna Sport 开发利用夏季自然光照为袋中手机、平板电脑充电的"太阳能夹克"(图 1-10),H&M 扩大了有机材料的设计系列(图 1-11)。而有些设计师对秀场的选择和设计元素的运用,也着意强化对绿色等自然概念的推崇。如 Chanel、Dior、Valentino 三个品牌的发布场地,不是以森林就是以花园、公园等为背景,且相当多的品牌都以花鸟作设计元素。这种以直观的形象推介宣传绿色、自然的形式,是应该受到赞许和推广的。可以说,绿色、环保节能服装方兴未艾。

图 1-10　Zegna Sport 推出的以夏季自然光照为袋中手机、平板电脑充电的"太阳能夹克"

图 1-11　H&M 运用有机材料的设计系列

第二节　服装的功能

　　说服装功能,应从人类穿衣的原因着手,由此可概括为下表:

---

[1]　林海.英国品牌的启示[M].企业管理出版社,2007.
[2]　李晓霞,等.消费心理学[M].北京:清华大学出版社,2006.

保护身体	保护功能
遮羞	遮羞功能
显示身份	标志功能
显示个性	表达功能
审美	审美功能

就现代服装而言,上述服装功能的结合方式和程度是很不同的,有的甚至很难同时具备这五大功能。现在的时尚之装,它融合着保护、表达、遮羞和审美等功能,但其保护和遮羞两功能程度最小、最低,而表达和审美两功能,特别是后者审美功能则占主导成分。又如制服,是保护、遮羞、审美和标志这四大功能的结合体,而它的标志功能显然占主导成分,其他功能则处次要地位。

在服装中,保护功能和遮羞功能作为服装的自然功能已大为降低,远不如标志功能、表达功能和审美功能为显要了。这表明,现代服装主要是社会功能在发挥作用,标志功能、表达功能和审美功能占主导地位,而这三者之中,审美功能随着社会发展越来越重要,即精神层面的越来越强化。所以,本节讲解侧重于此。

一、精神功能

物质丰富而产生的精神需求,物质性追求之后精神上的需求提升,是现代生活在服装上的充分体现,即要求服装作为表现手段,以取得精神的满足为前提。这是现代民众对服装的普遍要求,是精神层面的追求。这是一种较高层次的精神享受,即视服装为一种标志物,体现职业、身份、地位,以物质之装,求心理之愉悦。主要可分为以下两点。

(一) 容仪

"容",一指相貌,有容貌、容颜、仪容、姿容等,二是比喻事物所呈现的景象、状态,如军容、市容;"仪",指仪容、仪表,这是《现代汉语词典》的解释,讲得是人与衣结合产生的形象。它是指以修饰、衬托、突出着装者个人真实人格为最终目的,意在传达群体在审美方面的着装意志,受风俗、习惯、道德、礼仪的约束或社会流行的影响。容仪有日常和礼仪之分。电视连续剧《零下38度》开场即是男主角为女主角熨烫衣服,有板有眼,很是用心。后者感到不必太认真,反正第二天就离开滨江了;前者认为即便离开此地,衣着还要整齐,有自己的形象,给人留下良好的印象。这是指日常容貌,包括衣着也要给予重视。

现代社会人们对礼仪有较多的要求。如迎宾、开闭幕式、庆典等仪式活动,都离不开礼仪服装,端庄显眼、整齐划一为其特征。2008我国举办奥运会时的各类礼仪服(图1-12),就成功地显示出我国深厚文化底蕴与国际时尚的和谐统一。即使企业自身的活动,也会在仪容上用心,以体现企业文化的礼仪装束来展示。

(二) 装身

相貌堂堂、衣冠楚楚、冠冕堂皇,指的是一个人的外貌,包括相貌、衣冠装束。这是服装的装身作用所产生的实际效果。此与民间"人要衣装,佛要金装""人靠衣服马靠鞍"等俗语,实为一个道理。这里说的"装",如作动词,应为穿衣,如为形容词那就是装饰、打扮的意思,辞书上也有如此表述。"装"有修饰、打扮、化装的意思;"身",自然为人之个体,就是以服装修饰、打扮、化装身体。这是作为社会成员的每个人在交往中以显示身份和地位之需,满足心理之愉悦,此乃装身之要义。这是谁都明白的道理——服装具有装饰性、象征性和审美的艺术性(图1-13)。

图1-12　2010上海世博会中国馆贵宾接待人员制服　　　图1-13　服装的装身作用,显得非常明显

　　至于如何装身、用什么修饰自身,那得受所处社会之经济、文化、科技、时尚诸因素的影响。每个时代自有装身之特点。这种覆盖式的装身功能,是社会文明的表现,且社会越进步,其装饰性、象征性就越显著,且更具艺术性。这是社会外因和着装个体之内因互为作用的产物。社会文明程度越高,就越具装饰性和象征性。而现代社会,其作为审美特征的艺术性,则大大超越任何一个时代,即艺术性已成为装身功能的特性(图1-14)。服装是集立体、雕塑等艺术特点为一体的综合艺术,是以"人"为中心的造型艺术。因此,服装的装身功能,实际上就是服装造型艺术的实现。

图1-14　随社会的发展、进步,人们的穿着越来越具轻松、活泼感

二、物理功能

　　人们的衣着形式受气候环境的制约。皮肤在自然环境中,亦有冷暖感知的不同。冬夏穿同一衣装,非生理病态,即为精神病患者。这是生活之常理。若要穿出健康来,除加强对服装材料的研究,穿着时肢体的舒适及卫生等方面,还得进行必要的、足够的重视。

(一) 保健

对服装的保健要求,是社会物质和生活高度发展的产物,是生活水平提高的表现,也是现代社会人们讲究生活质量的体现。所以,服装的保健功能也日益提高,受到社会的重视,人们的穿着要求更多这方面的期待,乃至选择的要求亦更多。

针对人们提高生活质量和健康长寿的愿望,纺织科研机构加大研究和开发力度,使新品问世颇多(含预防医学的科研成果)。这些对纺织材料进行处理所产生的保健服装,其功能可概括为或各种防辐射服装,或药物织物内衣、寝服,或以嗅觉感觉见长的芳香织物,具有优化环境、突出形象的作用;或远红外纺织品,此在实践中较为广泛,多为贴身穿着,以吸收人体的热量而引发远红外辐射,其波长一般可与人体的波长范围相匹配,形成最佳吸收率,即远红外的热效应所引发的生理效应,从而使人体局部温度升高,达到辅助治疗和预防保健的目的,为家庭保健和自我保健之所需。诸如内科、外科、皮肤科等病,都不同程度地在使(试)用远红外功能服装,不少效果还较为理想,颇受社会欢迎。简言之,保健类服装是社会的需要,是百姓生活的需要,是改善和提高生活质量的需要,其市场前景亦很诱人。这是为最广大的社会民众造福,更是社会不断发展给民众带来的福音。

(二) 舒适

生活中的不少人,其穿衣总离不开对天气的关心,否则总会觉得缺点什么。其实,这就是气温、湿度、风和太阳辐射热所组成环境气候的 4 项基本要素,衣着适当,就会舒适。这是人之常识和经验,掌握这 4 项要素,衣服的增添、厚薄的选择,皆能应付,因而也就能穿得舒适。

所以,舒适是服装穿着的基本要义,它指人们无论在哪个季节、身处何种环境,衣装都能给人以轻松、自然的感觉。服装运动自如、抵御不利气候等基本属性,主要包括对气候的调节作用、对活动的适应性、对皮肤的良好的触感,以及防御外界对皮肤的危害。它涉及服装穿着的物理性、生理性、心理性、人体活动和气候环境等众多学科(图 1-15),所以,其研究领域较为宽广。

服装卫生舒适性与应用这门新兴交叉性学科的建立,还因两次世界大战愈百万士兵冻伤冻僵者教训之所致。我国于 20 世纪 80 年代中期起步,时间还很短。它视人体—服装—环境这三者为一个综合系统,全面研究服装及其材料的使用性能,评价服装的舒适性,进而为人们选择服装提供科学的依据。

服装压
活动适应性
服装内气候
皮肤清洁
肌肤触感
安全防护性

图 1-15　服装穿着舒适性示意图

(三) 卫生

人们生活的环境存在各种细菌、真菌、霉菌,会粘附于服装并在人体上繁殖,其繁殖过多会给人体造成危害;而皮肤汗液、皮脂及表面之落屑,被服装纤维吸收,若处置不当,也会引发细菌繁殖,以致引发红肿、浮肿等皮肤炎症或传染病。说所穿之衣装处在各种细菌的包围之中,或衣衫不整、清洁欠佳,会有碍健康,甚至遭遇疾病,一般人怕很难接受,可学界已形成服装卫生这门学科,开展专门化的研究,以使人们的衣着更加卫生,以利健康,从服装穿着上造福民众。

而服装上的静电,也会对人体产生危害。当静电压高到一定程度时,便能产生静电火花,若身处可燃气体场所,可能会引发火灾,严重时还会爆炸。这不仅是服装卫生学的要求,而且更是关乎服装穿着安全的重大问题。所以,必须引起重视。

三、传播功能

服装是人们生活中使用最频繁、最密切、最受重视的消费品之一,也是最富于变化且最具实用功能的商品。这些大家都能明白。然而,如称其为可以传达某种意义的媒介,即把服装看成如同报刊、杂志、电视、广播等那样媒体的话,那人们的认同度可就不怎么高了。服装怎么会具有媒体那样的传播功能呢?

举例来看,自国门打开,牛仔裤是人们最为熟悉的一种新裤型,其后袋标签各有不同,那是各品牌内涵信息之透露。如 Levi's 之标识有冒险、理性、能力、开放等含义(图 1-16);Calvin Klein 之袋标显示为精力旺盛、自信自制、成熟知性等意思(图 1-17);Jordache 则重在艺术、重视直感、奢侈、任性等的表述;而 Gloria Vanderbilt 的袋饰显然是乐观、紧张、教养、自尊等的诉说(图 1-18),等等。如果多种牛仔裤放在一起,单就外形一般不易分辨。然察看其臀部之袋饰即可辨明其"身份",适合穿着之人群,诸如风格、特色,皆可一一归类。此乃臀饰之功,即牛仔裤局部构饰承担了相关信息的传播的功能。

图 1-16 Levi's 之标识有冒险、理性、能力、开放等含义

图 1-17 Calvin Klein 之袋标有精力旺盛、自信自制、成熟知性等含义

图 1-18 Gloria Vanderbilt 的袋饰显然是乐观、紧张、教养、自尊等的诉说

而这也为世界著名服装设计师自身的经历加以证实。意大利范思哲(Versace)的作品极具女性魅力,"性感才是它最基本的动力",这基于他清晰的认识:"服装作为社会化与自我表现的媒介。"乔治·阿玛尼(Giorgio Armani)说得很明确:"我穿衣与设计也就体现着我对颜色与和谐的看法。"[1]阿玛尼总是穿着长裤和 T 恤,多为蓝色。"因为这是我喜欢的颜色,它代表冷静与纯粹,并且简单质朴。它永不过时……这是我为自己塑造的一种形象:我想通过它反映出我对传达奉献与活力的审美观的信仰。"很显然,阿玛尼是把衣服当成传载、传达工具的。

据此可以看出,服装穿着可为人们的情感、素养、职业、时尚等信息之传达提供相当的裨益。实践中不乏这样的实例,且每个人都是身体力行者,所不同是仅是传述方式的差异而已。

(一) 表达情感

服装穿着是人们心理状态的反映。或愉悦,或伤悲,即喜怒哀乐之情感,都可在服装上得以体现,且每个人在生活中都能感受到。出席亲朋间的喜宴、庆典等活动,人们的衣装总是一身整齐,有的着新装亮相。女性更是色彩艳丽,喜气逼人,表示对宴请主人的敬贺。否则,将会招致或善意、或讥讽的批评,即着装的失仪,被认为是对活动的不重视,对主人的不敬重,而影响双方关系。其实,人们都按实际需要来安排着装,以显示情感倾向,乃至获得所期待的效果。有时衣着上很小的变化(含饰品),就会具有较大的暗示作为,或许成为整个事件逆转的关键。如生活中夫妻矛盾的化解,亦见赠送衣装以示和好的(电视剧《妯娌的三国时代》第 29 集)。有的或为职业缘故,形成了对某一服装的宠爱。"影帝"梁朝伟就特别喜欢风衣和皮装,他说:"风衣最有感觉,而皮装更有男人味。"从《偷偷爱你》到《东京攻略》《无间道》,风衣和皮装是梁朝伟每场必备之装,就是出席电视台访谈节目,也不忘一款皮装加身,这是他个人性格的表现,是轻摇滚的体现。

(二) 显示素养

素养,是指个人内在的文化、学识,即修习之涵养。从衣着打扮可以看出一个人的修养,即衣着品位,有高雅粗俗之分,有齐整邋遢之别也可看成个人的着装风格。有用心修饰的,亦有随意而为的,后者如上述阿玛尼所言即是。这种外观效果的取得,是长年修炼的结果,看似漫不经意,实则是个人审美的主观外化。刻意装扮还是随意为之,这得看场合和时间,以及个人着装的倾向,参考流行诸因素,并以显示自己惯常的着装素养为准。这是颇需留心的,它是自身素养的显示。至于同样的衣装在不同的人身上会显示不同的观感,则还与气质有关,即与个性相关联。穿衣虽是个人的事,然而传达出的信息却是修养的真实反映。

(三) 体现职业

大而言之,职业服装为特殊服装,如军人、公安、医护人员及海关、税务、工商等从业者穿着的制服,观着装者外在形象,就可知其职业。这里的讨论仅从生活着手,看百姓的平时着装,从衣着判断职业,应该说这是件不容易的事。虽有各职业装领衔,如煤气、电力、自来水等,其制式服装一看就知其归为哪个行业。职业服装大多数应该是平时服装的区分。服装企业有一现象可引起注意,同样划为技术部门的设计师和打板师,一般都可以明确分辨。道理很浅显,前者倾向时尚,且以随性为主;后者严谨为上,流行元素较少,不苟言笑,似版型之势,

[1]　赵化.女人华衣[M].北京:中国纺织出版社,1998.

中规中矩。另据法国一项研究显示,国外餐馆服务生的着装,其颜色不同小费还会有多寡的区别。女服务生若穿红色工作服,则可从男性顾客那儿多得26%的小费。职业装与个人的效益直接挂钩了。

(四)表现时尚

时尚是一种外表行为模式的流传现象,也有称风尚或习尚的。时尚是国际交往、商业氛围、消费环境等因素的综合,是社会经济、政治环境检验的尺度之一,即社会尊重个人意愿、情趣的一种真实的反映。它是百姓追求高素质、讲究意趣的审美表现。服装、语言、饮食、艺术等方面,时尚表现较为突出。其中,又以服装最为显著。服装作为表现时尚的最直接的载体,是人们最乐于选择的,因为它美化了自己的外部,又透过它显示了自己的内心旨趣。新中国成立初期女性穿着"布拉吉",表现的是对"苏联老大哥"的崇敬心理,及翻身解放的喜悦心情;20世纪80年代几乎每人一款西装,表现的则是衣着禁锢废止后心情放飞的自由,那是开放的象征。20世纪90年代妇孺人皆一条踏脚裤,那是女性爱美的显著标志。时尚是人们生活轻松快乐、富有变化美的一种乐观向上的积极心态,也是生活水平提升的象征。进入21世纪,服装的时尚倾向则更为强烈,且呈现为个性化、多元化的发展倾向,成为现代社会一个强烈的物质文化符号。

此外,影视、戏剧等的角色扮演,都须借助服装的衬托,强化所扮人物的形象,以达到深化剧情的目的,即以服装塑造角色、演化故事。

服装的传达功能,有时可以像语言一样提出某些陈述,有时又能像艺术一样激起情感,或两者兼而有之,显示了较多的美学与艺术之成分。这表明服装的媒介功能的确存在,只是我们普通人没那么深切的感受。这可就用得上"不识庐山真面目,只缘身在此山中"这句老话了。其实,服装的传播职能每个人都在不同程度地运用着,是下意识的心理活动的外化,个人并不能很清楚地觉察到。随着社会文化程度的提高,人们对于衣装传播信息的功能,必会运用得更为丰富多彩。

第三节 现代东方服装

一、中国

1911年,辛亥革命的爆发,促使国人衣装形式发生了深刻的变化。国民政府所颁布的《剪辫通令》,就彻底地革除了近300年辫发之陋习,也从根本上废除了有两千年历史的"昭名分、辨等威"的服装等级制,国人从而开始步入现代着装的行列,即全新的成衣化时代。

(一)袍褂西装并行

袍,亦称"袍服",一种长衣,至膝盖以下,又叫长袍,周、秦以来官员百姓的着装,辛亥革命后穿着普遍。学者教授亦多穿着长袍,新文化旗手胡适、满口洋文的林语堂等(图1-19、图1-20),也一如此装。图1-21是当年上海市民的全家福,其衣着样式亦反映了这一史实:呈现多样化、时尚化的发展趋势。都市男装同样颇具风采。童装新颖惹人喜爱,西裤、连衫裙、背带裙等,颇增童趣。而源自清代的马褂,此时与袍相配,长短对比,富有层次感,成为颇具现代感的穿着形式。

图1-19　新文化运动的旗手胡适,穿的还是长袍

图1-20　满口洋文的林语堂,不改长袍的穿着习惯

图1-21　长袍是男人之常备,旗袍成女性时髦之装

西风东渐和前清留学生的归来,也带来西方的服装文化,西装也随之而入,与中式服装并行不悖(图1-22)。西装的引进和吸收,为男装的发展开辟了一个崭新的领域,使之更适合人体,利于活动,显示穿着者的潇洒和俊朗之气。

（二）旗袍时髦民国

旗袍本为满族男女之装,因其实行八旗制,亦称旗装。进入民国,受西方服装文化及其新式裁剪的影响,女性爱美之心的焕发,所以藉其展示女性的线条美。20世纪20年代,上海的女装出现收腰、低领、袖长不过肘、下摆成弧线的造型,并流行花边装饰,即改良旗袍问世。这种旗袍吸收西式裁剪的长处,使女性胸、腰的曲线得以充分体现。受上海"鸿翔"等专业公司定制的影响,至20世纪30—40年代,旗袍开始成为主要着装(图1-23)。而重大庆典,那更离不开旗袍了。如结婚照,更兼中西结合,长袍、礼帽、凤冠加婚纱的,间有旗袍、长袍的,以显示与时风的合拍(图1-24)。天气凉爽,旗袍外加短背心或毛线衣,也有旗袍外配西装的。

图1-22 中西衣式并行

图1-23 各式旗袍(传世照片)

图1-24　虽是风格不同的两帧合照,可男士所着却同为长袍(传世照片)

　　从图1-25中,可以看到新式旗袍的发展变化及流行情况。

1925年　　1928年　　1929年　　1930年　　1931年

1934年　　1935年　　1936年　　1938年　　1940年　1948~1949年

图1-25　旗袍的变迁(引自《中国古代服饰史》)

　　旗袍之所以深受女性的青睐,主要因其具有显示东方女性曲线美的特殊魅力,其整体效果的概括、简练,萌发出强烈的艺术韵味,使着装者平添高贵的气质和凝重的意蕴。且搭配上的实用与审美的融合,愈发衬托女性的美。加之采办容易,穿之便利,无衣、裤、裙之烦,更加流行。旗袍色彩的清丽、典雅,可体现女性的稳重、温柔的性格特征,这是其他服装所难以替代的。所以,旗袍至今仍作为中华女子的礼仪服装,被继续服用。

而时装和连衫裙等,也是当时的时兴之装。20世纪30年代,由于新闻媒介和电影业的传播介绍,加之服装商人或邀请明星穿着新奇时装(图1-26),或举办时装展览,女装新款的不断涌现,促进了时装的流行。

(三)共和国大行"老三款"

1949年10月,中华人民共和国成立以后,百废待兴,物质条件很差,又遭国外敌对势力经济封锁,人们的服装只能以朴素为主。式样上受进城部队的影响,干部服(中山装、人民装)、列宁装的穿着很普遍,这是人们感受新生活的一种衣着反映,男穿干部服、女着列宁装(图1-27)。

图1-26 阮玲玉身着时尚的旗袍

图1-27 新中国成立初期,毛泽东主席接见全国英模。其中左二女士穿着时兴的列宁装

图1-28 军装,20世纪六七十年代青年男女的心仪之装

20世纪60年代初,由于三年自然灾害,社会崇尚节俭,"新三年,旧三年,缝缝补补又三年",成为社会化的穿着要求。从1966年至1976年,中国社会进入"文革"时期,人们的思想和生活都遭受禁锢,全国城乡风行"清一色"和"大一统"的服装,即"老三色"(蓝、黑、灰)和"老三款"统领了国民的穿着行为。其中"国防绿"军便装和洗得褪色的旧军装(图1-28),更是大受追捧。

1978年"文革"结束,中国的服装业迎来了全新的发展繁荣期。服装穿着朝美化自身的方向剧变——以追求新潮服装为时髦,个人的审美意识开始占主导地位。服装款式繁多,精彩纷呈。特别应该书写的是1979年4月,皮尔·卡丹(Pierre Cardin)来到中国(图1-29),12位模特

(8位法国姑娘、4位日本姑娘)在北京民族文化宫进行的时装表演,使国人眼界大开:原来服装是可以这么穿的!

图1-29 皮尔·卡丹的装束引起国人极大的兴趣

30年来,人们的穿着除基本脱离遮体御寒的固有概念外,服装还成为经济活动最为活跃的物质符号。各种新式衣装的推出,或款型变化、或质地变化、或穿法变化,都极大地改变了人们衣着文化的审美习惯,即趋向个性化、休闲化和国际化。

我国的香港、澳门、台湾等地区,由于历史的原因,服装既有与大陆内地的延续和传承,也有对海外文化的吸纳和融合,形成兼具内外特色的服装文化,形式、内涵丰富多样,可谓多元共存、各呈精彩。

二、日本服装设计师崛起

日本作为东亚战后迅速崛起的经济强国,在服装方面亦有许多值得研究、值得借鉴之处。

(一)日本设计师"西行"

整个20世纪80年代,最令人瞩目的现象就是日本服装设计师进入国际主流行列。如三宅一生、山本耀司和川久保玲等,皆在此时登上了巴黎的时装舞台,开始走向国际化。其实,日本服装业的"西行"崛起,酝酿于20世纪60年代。日本服装可归纳为"传统派"、"生活派"和"现代派"。

高级定制"传统派"代表设计师森英惠(Hanae Mori),是这场西行运动的先锋之一,经过整整15年的不懈奋斗,1977年,森英惠终于正式进入巴黎高级时装设计界,开设了自己的时装店,参加高级定制发布会。她设计的带蝴蝶图案的和服面料礼服,引起轰动,蝴蝶亦成了森英惠的标志(图1-30)。

图1-30 自从为著名歌剧《蝴蝶夫人》设计戏装之后,蝴蝶就成了森英惠作品的图案装饰素材。该图运用立体裁剪工艺,从非平面造型入手,打开仿生创造的又一新途

"生活派"的代表设计师高田贤三(Kenzo Takada)的东方民族风情,也对西方世界产生了吸引力。20世纪70年代,他藉东方风情的印花概念,开辟了属于自己的天地,色彩和图案之变幻如万花筒,有时装界雷诺阿之称。Kenzo品牌全面欧化,高田贤三本人也加入了法国籍,最后连牌子也卖给了LVMH集团,和日本完全脱离了关系。

"现代派"设计师三宅一生(Lssey Miyake)20世纪70年代的脱颖而出,宣告了一个不同于传统亚洲设计路线的设计师的横空出世。他对面料设计特别有心得,往往出人意外,有面料魔术师之称。"一生褶"就是其代表。

山本耀司和川久保玲也是应该予以关注的。虽然饱受打击,但他们并不气馁,而是继续努力,坚持不对称性设计和残缺的美学实践。5年后,他们终于从世人的抗拒中赢来了狂热的追捧。1986年,以往的批评和谩骂终于转为颂扬和称赞了。山本耀司逐步成为国际公认的偶像级设计大师。川久保玲多材质的大胆尝试,极具吸引力,使西方人看到了许多时装之外的内容。这些充满哲学意味的小众设计,获得了崇尚个性、讲究时髦的欧洲人的青睐,从而改变了世界时装史。

（二）成功要点

日本服装设计师之所以能征服时装之都巴黎,关键在于他们的不懈坚持、大和民族坚韧的个性和创新的设计,以及品牌的商业实力的经济支持。这些设计师西征巴黎时,在日本大都创立了自己的工作室和自己的品牌,并逐步演化为公司,设计师品牌经济效益渐成规模。同时,日本设计师的创意群体合力,也是他们成功的极大因素。30年来,他们之间没有派系之分,没有资历之别,有的是一致前进的决心与和毅力,且相互支持,共同进步。特别是对年轻后辈的无私帮扶,更令人钦佩——或慷慨解囊,或提供平台,或现场指导,尽力为后辈们的发展提供便利。这的确让人赞叹。

三、韩国"金大师"

20世纪90年代,韩国服装开始传入我国,并很快形成较大的流行潮流。它受惠于韩国有一支杰出的设计师团队。他们的服装设计在20世纪60—70年代,就已开始起步。安德烈·金堪称代表。

安德烈·金(Andre Kim)本名金峰南,1935年生于风景秀美的京畿道高阳市。1962年,27岁的安德烈·金开设了自己的工作室,成了一名真正意义上的服装设计师,也是韩国历史上第一位男性设计师。1966年,他成功地在法国举办作品发布会,此开韩国设计师之先河。至今,他在世界各地已举办了100多场时装秀,多次受邀参加奥运会时装展,活跃服装界近半个世纪,因而被韩国时装界尊称为"金大师"。

安德烈·金最著名、最有分量的是婚纱礼服(图1-31)。他将自己对爱情的理解融进了每件

图1-31　令人爱不释手的安德烈·金的婚礼服

23

精致、纯洁的礼服,他所举行的一场场"婚礼",华丽绚烂,展现的是一对对宛如天仙的情侣组合。他用最华美的服装,书写着自己对爱情生活的憧憬,营造一个属于成年人的童话境界。而他的晚装则融合了东西方宫廷装的特色,自成一派,极具皇家风范。至于时装发布的时间、地点的确定,安德烈·金也是精心安排的。他曾经在联合国基金会募款,在世界杯足球赛、奥林匹克运动会等特别的时机,举行他的时装秀。这真是巧借重大活动搞推广,收获倍增。这是安德烈·金不同于其他服装设计师定期发布的地方。

韩国服装行业的快速发展,是设计师大力推动的结果,其作品制作工艺的精致、内涵的多元融合、风格的前卫内敛、色彩的柔和出挑,是韩服广受世人瞩目的关键,也是韩国服装品牌站稳巴黎等时尚之都的重要原因。

第四节　欧美装苑之都

进入 20 世纪,社会充满变化,是战争、毁灭和新生、进步交错的时代,是新思想、新技术、新成就不断涌现的时代,更是人类社会不断发展的时代。科技进步、城市文明、社会分工,成就了欧美的强大。现代服装就是在这个背景下,呈现出各自的特色。法国巴黎、意大利米兰、美国纽约等,作为服装强国的势头,业已初显。

一、巴黎——罗浮宫的伟绩

罗马不是一日造就的,巴黎的服装艺术则是日积月累而成的。从 17 世纪以来,法国的服装就一直是欧洲的代表,至 20 世纪高级时装(Haute Couture)的诞生,更是达到了巅峰。

(一)一个英国人的贡献

法国高级时装(高级定制服)的问世,并非本土人士的创新,而是一个来自英国的年轻人——沃斯(Charles Frederic Worth,1825—1895)的首创。1858 年他在巴黎开了家以自己名字命名的时装店,服务于当时的法国宫廷和欧洲王室、贵族。那些俄罗斯、意大利、奥地利、西班牙等宫廷的贵妇们,在领略了沃斯设计艺术的高超之后(图 1-32),纷纷赶往巴黎,连法国皇后欧仁尼、英国维多利亚女皇也慕名前来,成了沃斯的忠实主顾,高级时装由此而勃兴,并成为法国人崇尚奢华古老传统的代表。由于沃斯将这一传统的缝制手艺上升为受人

图 1-32　受多位艺术家影响的沃斯作品

敬重、钦佩的艺术,因此人们把他设计制作的各式豪华礼服尊称为"Haute Couture""Couture",高级时装由此定名,并逐步发展至鼎盛。沃斯也被誉为近代巴黎时装之父,其美丽的妻子也成为第一个服装模特。

(二)设计师群星"建都"

这是个需要设计的年代。作为服装设计师的功用就格外为社会所重视,这就促使一批设计师的脱颖而出,且各具特色,共同把法国服装推向世界服装的前沿。

1. 简化造型第一人——保罗·波烈

保罗·波烈(Paul Poiret,1879—1944),简化女装造形设计第一人。他出生于布商家庭,自幼喜欢时装插图,曾得到名师道塞特(Doucet)的指点,并进入沃斯的店里工作,从此保罗·波烈走上了服装设计的道路。

保罗·波烈设计的女装首次摒弃紧身胸衣,具有简洁、明快、松身,腰节线提高、裙摆狭长并不展宽的特点,以此宣告了传统紧胸衣的灭亡,恢复妇女胸部的自由和健康。他在自传中不无夸耀地说:"是我解放了女性的双乳。"[1]这种简化服装设计的方法,使其步入现代意义的设计行列(图1-33),被西方服装史家誉为"20世纪第一位设计师"。因当时流行节奏缓慢的探戈舞,该裙亦恰好适合了探戈舞的节奏,故又称"探戈裙"。

图1-33 20世纪简化造型的设计,创造了健康胸衣

图1-34 夏奈尔的典型形象:戴帽、刁烟、双手插腰

2. 优雅的风格——夏奈尔

夏奈尔(Gabriell chanel,1883—1971)是20世纪最具影响力的服装设计师。自幼丧母,后遭父遗弃,在孤儿院长大,由此养成独立不羁、自由自在的强烈个性。1914年以设计羊毛衫女装一举成名,遂开始了她长达50余年的服装设计的生涯(图1-34)。夏奈尔的设计宗旨是"要使妇女

---

[1] 瓦莱丽·斯蒂尔.内衣:一部文化史[M].师英,译.天津:百花文艺出版社,2004.

们愉快地生活,呼吸自由,舒适,看来年轻。"因此,她的服装具有适用、简练、朴素、活泼而年轻的特点,为松腰的直线造型,与当时仍在流行的浓艳、矫饰、拖沓的风格截然不同。

她的设计稿很受欢迎,人们纷纷以重金购买,美国商人就是其中之一,获得优先生产权。她创办服装商店,推广自己的设计作品。每年8月5日她生日这天作时装展示,后改为每月5日举行一次,有力地促进了她服装设计的更新、丰富,从而立于不败之地。难能可贵的是,夏奈尔在一次次的挫折中,重新振作,重又绽放华彩。1954年重返巴黎时装界时,她已是71岁的高龄老人,仍倔强拼搏,固执于自己设计,终于再次大获成功。"伟大的夏奈尔"以无可比拟的意志和信心战胜了高龄,赢得设计师同行的诚服和尊崇。

直到1971年1月10日逝世,她的设计始终主宰着时装流行的潮流。可以说,夏奈尔的服装设计与她的生命相始终,这在近现代世界服装史上是为数不多的。她说:"我的兴趣不只为几百个女人设计服装,我要使成千上万女性穿出美丽。"的确,诚如时人所言:"有疑问时就穿夏奈尔"。[1]因此,夏奈尔成为20世纪最重要的设计大师之一。

3. "时装界的独裁者"——迪奥

迪奥(Christian Dior,1905—1957,其名法语为"上帝"和"金子"的组合),为20世纪四五十年代服装成就突出者。迪奥生于富商家庭,受到良好的艺术熏陶。1931年,因母亲去世,家庭破产,与他人合办的画廊也相继失利。为解决生计,摆脱失业困境,他为杂志画插图和服装效果图。这无疑是他20世纪40年代脱颖而出的有益的专业基础训练,以他名字Christian Dior命名品牌,简称"CD",一直是时尚和流行的标志。

1946年,在"棉花大王"马尔赛尔·布萨克的资助下,迪奥创建"迪奥高级时装店"。1947年2月12日,他首次发布的"花冠形"服装,取得巨大的突破,引起轰动,一举成名。这款带有圆润流畅的肩线、柔和丰满的胸部、束紧收细的腰部、微展撑起离地20 cm的宽摆长裙(图1-35),大胆地让女性露出双腿,这可是第一次开创高雅女装时代——性感自信、激情活力、时尚魅惑。这符合战后人们对服装女性化、高贵典雅、温柔曲线的要求,是件"追回失去的女性美的伟大艺术家的作品"[2],被称为"New Look"(新外观)服装,并迅速风行几乎整个西方市场,以致法国政府不得不采取专利措施,来维护"新外观"女装的利益。有些国家不得不缴付巨大的税金,才获准进口该款"新外观"女装。巴黎世界时装之都的地位,由此再次得以确立。

图1-35 改变20世纪女性穿着风采、影响至今的"新外观"的经典

[1] 赵化.女人华衣[M].北京:中国纺织出版社,1998.

[2] 吴卫刚.服装美学[M].北京:中国纺织出版社,2000.

1954 年秋起,其独创的"H 型""A 型""Y 型"等服装廓型的问世,更丰富了他的"空间感""立体感"的设计理论,并使杰作不断问世,从而使巴黎一直处于服装时尚的中心,让讲究穿着艺术的女人们,也一直处于潮流旋涡的中心,享受着迪奥提供的美服华衣。这 10 年,迪奥的成就、事业,更达到了业界之巅峰,因而有"流行之神""时装之王""时装界的独裁者"之美誉。其创造的风格,被后世奉为经典,影响至今。

夏奈尔、迪奥等品牌的辉煌业绩,设计师团队功不可没,而法国政府强大的后盾保障,同样不可忽视。每年的服装盛会,多在罗浮宫广场举行,这就极大地提高了如高级服装展览会这样的展事活动的地位和声誉。这是 1982 年时任法国文化部长雅克·兰,在听取了组委会的意见后作出的决策,从而使纺织服装业上升为一种文化事业,成为法国文化的精华之一。

二、米兰时尚获誉世界

同样拥有世界服装之都米兰的意大利,在历史上就是人文荟萃之邦。米兰以时尚、设计为主,一直都是意大利文化、经济和时尚的中心。文艺复兴的火种曾从这里燃起,辉煌的威尼斯电影节、绚烂的米兰时装节等,于此拉开大幕;众多世界一流的设计师、一流的制造商、一流的团队,也在这里汇聚;伟大的艺术品更从这里诞生;无数年轻梦想成为精英的闯将们,铸就了一个灿烂夺目的意大利,向全世界展现着他们的魅力和价值。

(一)政府高层关注

意大利的服装、服饰时尚,一直以来颇受政府重视,并随时受到关注和指导。1932 年,当时的政府因不满意鞋子在市场的地位,就要求全面提高意大利的服装艺术、手工技艺工业和商业的运作计划,从而引发"意大利民族时尚业"(Ente Nationale Mode)的大发展。1936 年政府进一步要求,设计师必须在自己的设计里保持 25% 的意大利的灵感来源,即民族元素。此类服装还附有"意大利创意和生产"的标牌,这既是对服装设计的督促,也是向全社会强化民族品牌意识的一种方式。

(二)有识之士支持

由于意大利政府对时尚的高度重视,所以社会上也不乏时尚活动的热心人士、有识之士。意大利的第一次服装发布会,就得力于上层贵族的倾力推动。1951 年,杰奥里尼(Giovan Battista Giovgini)伯爵在佛罗伦萨自己的宫殿开风气之先、举办了有史以来的意大利设计师的集体发布会,来自罗马、米兰、佛罗伦萨、都灵的 15 位设计师和 50 位买手与会。至同年 7 月 19 日第二季发布时,该处已云集了多达 250 个买手和记者,"意大利时尚"从此成为现实,意大利从此亦成为世界瞩目之焦点。而加拉班尼·瓦伦蒂诺(Garabani Valentino)、詹尼·范思哲(Gianni Versace)、乔治·阿玛尼(Giorgio Armani)等名动全球的服装大师,也就此以自身的实力和品牌,向世人展示了他们的出色才华。从而把意大利推上拥有世界服装名师、名牌最多的国家之一。下面仅以瓦伦蒂诺的成名稍作评述。

(三)名师魅力尽显

1932 年,瓦伦蒂诺出生于意大利北部的佛盖拉(Voghera),之所以成为意大利的骄傲,并使意大利高级女装达到与巴黎平分秋色的高度,与他年轻时的虚心求教和广泛涉猎关系密切,是他勤奋努力打下了扎实的基础,最终厚积薄发。

首次引人关注的,当推 1962 年佛罗伦萨碧丽宫的秋季发布会。瓦伦蒂诺的作品尽管被安排在最后一天的最后一小时,可瓦伦蒂诺并未让等待者失望,发布尚未终场,精明的商人们从雷动的掌声中,看到了市场价值。且鉴于巴黎时装的昂贵,转向意大利也就是很自然了。订货商们也竞相到后台去下第一笔订单。演出的空前成功,确立了瓦伦蒂诺在时装界的地位,及至后来"白色系列"的发布,更夯实了他在服装界的地位(图1-36),而"时装界的金童子"也越叫越响。

瓦伦蒂诺服装高雅的造型、舒适的面料、端庄的仕女风韵,吸引了众多政要夫人和著名影星,形成其个人的服装崇拜团体,使世界充分认识瓦伦蒂诺服装设计的才华,进而成为与圣·洛朗并行的优雅和流行的传播者。意大利高级女装取得了与巴黎同等的地位,米兰也如愿以偿地登上了世界时装之都的宝座。

图1-36　1968年推出的"白色系列"是瓦伦蒂诺设计生涯中的重要组成部分

三、英国——露西尔开创服装业

作为19世纪至20世纪男子服装设计、穿着风范倡导的英国,是现代设计的摇篮,理应顺势发展,再领欧洲服装风骚。但因思想趋向保守,反倒显得落后了。可在行业开拓者的引领下,英国服装还是显示其发展势头的。

露西尔(Maison Lucile)女士可堪代表。她是20世纪初英国一位有声望的服装企业家和服装改革者。她在一无资金、二无雇员的情况下开始走上服装设计之路。1890年在职业学校学习缝纫、刺绣,1900年与戈登博士(C. D. Gordon)结婚,人称戈登夫人。依靠她的艰苦精神和不断奋斗的毅力,在伦敦开设了一家小小的服装店,而后声誉逐日扩大,资金亦得到了充实,她就在巴黎、纽约、芝加哥开设了分店,建立了庞大的服装企业,并着意女装改革,要解放伦敦的妇女和小姐,为她们设计鲜花般的时装。

露西尔重视市场研究。她要求每个分店必须搜集当地不同季节、不同阶层的服装,定期汇总,以供分析,掌握服装发展动态。她本人亦身体力行。一有发现,即成改变他国妇女着装倾向的契机。露西尔的舞台装也是她的杰作之一。她为戏剧《风流寡妇》女主角莉丽·爱尔西设计制作的大帽戏装(图1-37),极

图1-37　露西尔为《风流寡妇》女主角莉丽·爱尔西设计制作的大帽戏装,成了一代人的女装款式追求

受上层社会女性的欢迎,特别是那顶大帽子,被称作"露西尔帽""风流寡妇帽",风靡欧美诸国。露西尔不愧是一位有眼光、有魄力的企业家和英国历史上第一位女性服装设计师。

四、美国——政策扶持奠基
(一) 政策导向设计

美国服装强国地位的确立,缘于成衣业的启动。一战时期,许多服装作坊、工厂被征用生产标准化的军服。这就促使他们增加劳动力以应付生产的扩大,借此达到高速、高产的目的。矗立在纽约曼哈顿岛第七大道旁两座造型奇特的塑像(图1-38),道理就在这里。特别应该指出的是,这些工厂中有些生产能力和技术设备已有了可观的发展,如带式裁剪刀的应用,就极大地提高了面料批次的裁剪量。这也为学者们所充分关注,即设备和管理的领先性与生产效率密切相关[1]。"服装版型"被高度重视,更是抓住了服装生产的核心,即设计能力的锻炼和培养。美国政府采取的关税政策,对美国的女装业产生了重大的促进作用。进口服装关税的征收,体现了政府政策的导向作用:起初标准较低,后逐步提高;与此相反,进口服装版型则低关税,甚至是零。这就鼓励设计人员加强版型研究,从设计这个源头着手,强化自身设计能力的提高。这一政策的实施,极大地调动了设计人员的创作热情及其设计能力的有效锻炼,从而推动了美国服装业的快速发展。这是如今美国作为服装强国、纽约为世界服装之都的历史基因,即政策扶持、完善设计。

图1-38　纽约曼哈顿岛第七大道旁两座塑像:缝针和制衣工

---

[1]　何顺果.美国史通论[M].上海:学林出版社,2004:263.

（二）缝制设备跟进

美国服装业的发展和世界领先地位的取得，设计作为基础，自然很重要，但还必须有先进的服装缝制设备相配合，即与机械缝纫工具的问世关系密切。1851年美国科学家列察克·梅里瑟·胜家（Isaac Merrit Singer）发明的机械缝纫机替代了手工缝纫机，为美国服装的崛起提供了有利的条件——是投入竞争市场的坚强后盾，速度快、周转快，极大地提高了生产率，也为成衣化大生产打下了极强的基础。这个革命性的发明被英国当代世界科技史家李约瑟博士称之为"改变人类生活的四大发明"之一。

而享有"新女性"着装之称的时装设计师吉本森（Chalres Dana Gibson），其实是位画家，因与名媛兰藿恩姐妹所绘肖像画具有饱满的胸部、纤细的腰肢和丰满的臀部，而被称作"吉本森女郎"，整体呈 S 型，适应女性追求思想解放的潮流，充分体现了女性的形体美（图1-39）。

到20世纪70年代，被誉为"纽约第七大道王子"的卡尔文·克莱恩（Calvin Klein）横空出世，遂把美国年轻、快节奏和机能性服装推向高潮，并以自己的风格在本领域开始主宰国际服装界（图1-40）。

图1-39　风格简洁、体现自然曲线的"吉本森女郎"，迈向健康自然，摆脱19世纪人为的矫饰　　　图1-40　以极具视觉冲击力的设计赢得了市场

据此而言，欧美各服装大国皆以自身的特色在国际市场占有重要的地位。特别是位居服装之都的那些城市，更以风格显著之强势见称于世。各国服装的演变，受社会影响颇大，社会各领域所发生之事，皆可作用于服装界，涉及政治、经济、军事、科技、外交、文化艺术、体育竞技、影视作品、音乐舞蹈等，都可成为服装生产的催化剂。因此，服装是社会的综合性的浓缩，是文化的物质凝结。

第二章

服 装 审 美

　　生活中,人们在逛商场时大多会有这样的经历(特别是女性),在自己心仪的货品区域内浏览,有的会拿起合适的衣服往身上比划,还会与同伴说上几句。须注意的是,这就是服装审美了。可以说,服装审美在如今的社会表现得尤为活跃。即挑选、试衣、评价等,是人们生活中最常见的,表现得最为充分,且不受学识、场合、年龄等的限制,是任何人都会产生的一种关于美的形象具体而生动的鉴赏性思维活动。它涉及审美本质、审美特点、审美心理几个方面,表明了心理因素、机制,对审美所具有的推动作用,即审美主体和审美对象两者之间的内在关系,尤其是重视审美客观存在的现实性。

第一节 审 美 本 质

前面章节已讲到过,服装具有实用和审美两大功能,前者属物质方面的,满足人们的生理需要,如遮挡护身御寒;而后者为精神方面,满足人们精神需要,即精神上的愉悦体验,美化自己,美化生活。这里,就涉及到美的概念,这是审美的核心,所以本节就从研究"美"开始。

一、关于"美"

说到"美",恐怕是当今社会见之较多,其内容也是每个人都会碰到的,且都认为是最简单的事,好像谁都能弄得很明白似的。其实,美是什么,要真正弄清楚还真不容易。这是一个难解之题。多少年来,不少学者专家为之花了大量的精力,都未找到一个合适的、令人满意的统一的解释。可以说,各有说法,各有道理,以至有人说"美是难的"[1],甚至还发出"'美'这个词儿的意义在一百五十年间经过无数的学者讨论,竟仍然是一个谜"[2]。

(一) 美学、服装美学

这里不拘泥于学术上的探讨,只是就美学研究的范围加以界定。一般认为,美学是研究人对自然现象、社会现象和艺术现象的审美关系的学科。人们所处的环境,到处都存在着形态各异的美的事物,都会不同程度地引起情绪活动:或感奋,或沮伤,或外显,或内隐。现实生活中的每个人,都喜欢美,欣赏美,创造美。这表明,美学是研究人与现实的审美关系的学科;围绕审美关系这一轴心而出现的美、美感、美的创造这三个方面,是美学研究的三大领域。这里集中在美感于服装进行展开。而服装美学作为美学的一个分支,是研究人对穿着艺术与科学技术的审美关系的学科。服装审美应运而生,从而成为现代人精神状态的体现,是美化社会的组成部分,成为衡量个人生存方式与社会生活方式的主要尺度。

(二) 美的表现

通过视觉和触觉而获得的感觉(感知、感受),赏心悦目、协调和谐,这就是美的一种表现。有的是感到实用的,能表现个性的;甚至有些另类,或呈"酷"状的,也有认为是美的,表现的是人们与众不同的心理之使然。这就是人们物质需要的实用性和精神需要的审美性的结合,寓审美于实用之中,融实用于审美之内,两者互为依存,辨证统一,是服装审美的根本,更是衡量服装审美的准则。著名的1: 1.618 的数字之比,就是人们由视觉而引发的经典性美感。其从古希腊发现并被沿用至今,深得各行业的重视,因而被奉为黄金分割率。作为以装饰人体为主要职能的服装业,对该比例关系的运用,尤其成了设计和观赏的重要依据。

二、审美关系、美感

当人们对服装进行观赏、评品时,便会发现评赏者已进入某种特定的联系之中,并将会发生某些悦目的视觉感受,这就是服装审美中的审美关系和美感。

---

[1] 柏拉图. 文艺对话集[M]. 北京:人民文学出版社,1980.
[2] 列夫·托尔斯泰著. 艺术论[M]. 北京:人民文学出版社,1958.

（一）审美关系

指审美主体的人与审美对象的物体之间的内在联系，即人与现实的某种特定关系。以本书叙述之中心——服装而论，因其所处情景不同，就各有不同的说道。以其加身，首先体现的是使用价值；当置流通领域，或可成经济学研究的对象，亦为历史学、社会学、民俗学的研究对象。而当该服装的质地精良和高超技艺被认同，亦为其智慧和创造的结晶感动时，即获得了精神上的满足和愉悦，这一情感因素的出现，就为服装的研究增添了一项新的内容，那就是审美关系，也是本章所要重点讨论的。什么是审美，至此已是很明白的了，它是人与服装的关系，是各种场景着装者的不同心境。其中心话题应是美感，那美感又是怎么回事呢？

（二）美感

美感是审美主体对审美对象的感受，是美的欣赏活动的产物。而服装美感，是人们直观感受下、最常见的产物。意大利的范思哲（Versace），他那完美的性感设计，是令人着迷的经典。他的服装线条流畅简洁，色彩有如宝石般夺目耀眼。其设计的用料少，且非常贴体，如衣领开至肚脐，让通俗女歌星穿上用工业塑料与 PVC 制成的内衣，从而创造出闪烁于粗俗、奔放与高雅、华丽之间的无限魅力，即这种冲突中的和谐、充满诱惑力的性感与不能抗拒的激情（图 2-1）。这就是人们对范思哲服装美的具体感受。

有"好莱坞淑女""淑女中的典范"之称的奥黛丽·赫本，其塑造的一个个银幕形象，曾引起整整一代人的痴迷。那就是其清丽动人，以及生活中那优雅入时的特殊打扮，如《罗马假日》中饰演的某国公主。时至今日，赫本清丽的形象已成为人们心目中珍藏的经典。这除了她本人天生丽质外，还有服装设计师的重大作用，这就是赫本形象设计师的纪梵希，是她一生的形象设计师。赫本着装形象的简洁、清新、庄重的风格，皆出自纪梵希（图 2-2）。人们对赫本形象的钟爱，至今不减，就在于其魅力犹存。

图 2-1　非常鲜明的个性设计（取自范思哲广告）

图 2-2　奥黛丽·赫本形象。其服装由著名的国际大师纪梵希设计

三、审美标准

当人们进入审美状态,作出判断时,往往受各种因素的影响,这里有环境、区域、意识、认识等方面的制约,即审美标准的确定。

(一)环境指归

审美,是审美主体人对审美客体服装所作的独特的情感式的评判、评价,是一种形象性很强的思维活动,贯穿于服装的选择、试穿及议论等全过程。审美标准随社会发展而改变,时代变革、观念更迭,人们对服装的审美会出现相反的现象。熟悉欧洲服装史的人都知道,女性束腰、裙撑的盛行,意在突出女性特征(含紧身胸衣)。时风延及后世数百年之久,至第一次世界大战,为应对战争女性们暂缓此饰。美国战争工业委员会有位成员不无感激地说:"美国妇女为战争做出了很大的牺牲,她们从内衣中抽出了共两万八千吨的钢条,这足够建造两艘战舰。"[1]社会环境的变化,促使女性们改变审美习惯。

(二)国别差异

就整个社会来说,审美标准受社会意识的制约,不同民族、不同国度,亦会有差异。个人审美观的作用,亦会造成社会审美和个体审美间的矛盾。正是这种貌似对立的审美观,推动了整个社会审美的向前发展,促进社会服装文化由物质丰富向精神满足的提升。女性之穿长裤,在欧美国家曾遭禁,违者就要被投进大牢。1932 年,美国著名影星马莲·底特瑞琪就因穿长裤在巴黎街头行走,竟以"有伤风化罪"被警察局予以拘留。后因女权分子的示威游行,才不得已释放了她。而最后解除禁令的是二战的爆发,使女性穿裤成为合法,社会审美由此得以改变。

(三)意识更迭

当社会意识改变、呈现宽松化时,个人的审美往往得以自由表达,使着装的个人意识尽情发挥。这可以 20 世纪 70 年代末喇叭裤在我国的广泛流行为代表,是审美意识的创新爆发。经过长年禁锢的青年们,对这种粗犷、奔放的裤装风格,亲切之情远胜新颖之感,所以,他们勇敢地接受了它,鼓足勇气穿出去。特别是女性的支持,尤为可贵,促成新裤装的问世:裤门襟由侧而中,可谓革命性改变。中国自此开始接纳国际流行,并融入了国际服装界,开始成为国际服装业的重要成员。

(四)认识趋同

认识趋同是人数较为众多的穿着现象,有的时间、范围较短暂、有限,有的较长而广泛。如我国改革开放初期,西服的盛行是国民对西方服装文化的全民性的大欣赏。可以说,西服达到每人一件的程度,这在服装史上甚为罕见。为什么会有如此盛况呢?那就是压抑太久,全然不知外面之精彩;而今一旦放眼,新事物如潮水般涌来,便觉得什么都新鲜;西装又是西方服装的代表,哪有不学之理?否则便会有落伍之讥:审美须紧跟时代,紧跟潮流。

四、独立的主体观照

注重精神满足是审美的一大特点,是对审美对象带有自我感悟式的体验,且是独立的个人判断,包括审美观照和审美直观。

---

[1] 瓦莱丽·斯蒂尔.内衣:一部文化史[M].师英,译.天津:百花文艺出版社,2004:188.

（一）审美观照

美的效用并不仅限于经济实用，重要的是精神上的享受。服装穿着，尽管考虑使用价值，但款式、色彩还是会予以更多的关注的，那是基于服装给人以精神上、心灵上的愉悦和满足。德国美学大师黑格尔说："自然界事物只是直接的，一次的，而人作为心灵却复现他自己，因为他自己作为自然物而存在，其次他还为自己而存在，观照自己，认识自己，思考自己。"[1]

通过对客观对象的感知、想象、情感等多种心理功能的综合活动，而达到领悟和理解的感受方式，叫审美观照。观照，哲学、心理学的专用术语，指的是通过感性直觉直接达到理性本质内容把握的一种心理的过程。通过审美观照，主体就获得了精神上的享受，审美上的满足。这种感受必须是亲历所为之后的萌发。要领略服装的美，就必须眼观加手的触摸，来品味、感受；听他人之介绍，任怎么描绘，都不能构成审美。眼见为实，这是服装审美的特色——眼观心动，凡属审美范畴，都应该如此。

（二）审美直观

人们面对款式新颖、色彩亮丽的服装，往往会被其吸引，驻足、观赏，有的还会触发情感记忆，激活想象。这就是服装审美观照。这种把对象的外在形式作为整体性的感受方式，也称为审美感受的直觉性，它是服装审美的心理特点，完全是个人独立的情感行为（别人的意见，仅是参谋而已），包括五官感觉和精神感觉，即在直观中包含着理解和联想，这于服装欣赏、着装观感、服装设计，实在是大为有益。夏奈尔以71岁高龄复出的第二季发布，那没有衬里的上衣、漂亮的袖形、丝质衬衫、金色腰链、包缠式裙子、人造钻石襟扣，顿然使人产生一种全新的整体形象美，与迪奥"新风貌"不分上下；而粗呢新面料的运用和配饰变化的稳定感，则又给其中注入了一种世俗化的新意，令世之女性爱不释手。由此赢得"有疑问时就穿夏奈尔"的长久美誉。所以，人们见此服装马上便会与精致、高雅、经典等风貌相联系。

第二节　审美特点

服装作为客观之物，不管它的款式如何、制作工艺又是怎样，只能是物的存在美，是一种材质的美、造型的美、色彩的美和技艺的美，还不能上升为真正意义上的审美。只有当服装和穿着者完美结合，方能进入审美的阶段。服装虽是个人的事，但每个人活动的空间却是各个不同的群体，人们在群体的评论中获得精神上的满足。因此，其审美可概括为烘托性、整体性、组合性和典型性这四大显著特点。

一、烘托性

服装穿着虽然包含着社会意义，但却是通过主体个人的装扮实现的，属于自我表现的审美意识。俄国美学家车尔尼雪夫斯基说："在人身上美极少是无意识的，不关心自己的仪表的人是

---

[1]　黑格尔.美学（一）[M].朱光潜，译.北京：商务印书馆，1979.

少有的。"[1] 人们注意并精心打扮自己,是出于爱美的天性,求得快感、愉悦感。这就是现代人自我装饰的审美目的。既然如此,那就以时尚、潮流为自己的穿着标准吧! 这是服装界的流行说法。

（一）适合原则

跟着流行走,当然是新潮。不过,要以适合自己为前提,穿得舒适为好,即自己的衣服既要觉得合体,又要显得合适。这才是重要之点,也即适合原则。

（二）自我烘托

怎样的服装才是适合自己的呢? 那种能烘托穿着者的自然美,又能适当掩盖你不足的服装,即具有自我烘托的服装,就是适合你的。日本著名影星山口百惠有自己的心得,她把穿衣与日常活动相联系,使之更富有情趣,更有利于生活。她说:"不能认为穿什么衣服都行,服装会决定一天的色彩。"就是穿着为自己加分、增添美感的服装。

二、整体性

人们在欣赏某人的穿着时,往往会较全面地观察,是一种快速的视觉心理行为,是对衣装和穿着的统一观感,且主要表现为对服装款型印象的评判,也就是服装造型。

（一）款型合拍

一般来说,服装总要表现为某种几何形状,即今之为款式。它包括服装外在形式的材质、技艺的造型,及其与人的装身所形成的着装感,两者互为映衬,产生高度的物质和精神的和谐,达到美感的境地。这里,种种感觉的出现,就在于欣赏者的整体性观察。迪奥那款"新外观"之所以成为经典,除时代的需求性外,即战后女性迫切要求改变穿着要求的心理,更有该衣整体构成的悦目感——圆润的双肩、弧度极优雅的衣摆、裙摆距离地面的恰到好处。1947 年 2 月问世至今,人们的欣赏、赞美等,从未间断。道理就在其设计、穿着等的上下融洽性,这才会有人们六十余年来对其由衷不懈的崇拜。

（二）衣装合度

这是指服装与着装者之间应该有个适合度,即服装与审美主体两者的一体性、统一性。若把风格毫不相干、材质迥异的衣装硬是放在一人之身,那将是绝对的不伦不类(混搭不在此类)。同是一款,两人服用,效果也会大不一样,穿着者的本身状况至关要紧。在甲为好,换为乙身就难以称佳。这里没有随心所欲,不能张冠李戴,更不可东施效颦。其中的道理,在于人的主体意识左右着观感的表述。

三、组合性

服装作为审美客体,是文化艺术的综合体。色彩是关键,重点检验其是否遵循原色、间色、复色和补色之规律,从色相、明度和纯度的关系,把握重视色彩主题,在对比、衬托中,实现其协调性、整体性,体现动感、层次感。

---

[1] 普列汉诺夫.普列汉诺夫美学论文集[M].北京:人民出版社,1983.

（一）色彩组合

因歌德断言："一切生命都向往色彩"[1]，所以，约翰内斯·伊顿说："色彩就是生命，因为一个没有色彩的世界在我们看来就像死的一般。"[2]法国画家普珊就强调指出："绘画中的色彩好像是吸引眼睛的诱饵。"KENZO 作为国际著名服装设计师，他的色彩明亮而富有特色。他设计的作品可为之佐证。那年的秋冬发布至今令人回味。图兰朵公主亲临现场，可谓奇幻奢华——珍贵而闪光的天鹅绒，情趣盎然的花朵图案，威尔士风格的印花，镶满亮片、荷叶边的华服，处处彰显着奢华而神秘的气息，诠释了女人们所有的梦想。人们就这样在"诱饵"的吸引下，不知不觉中爱上了它——KENZO 色彩的诱惑力（图2-3）。

图2-3 欧洲记忆中的奢华元素：优雅、妩媚

（二）关系组合

服装各构件关系的谐调，是服装审美的基本要素。领、袖、三围以及襟、摆、扣等各局部处理之比例，着装者所处空间环境的状况（自然环境和人文环境），即与之相吻合。2009 年 5 月，查尔斯王子为自己的建筑环境基金会在英国沃特福德新建的一处生态屋奠基（图2-4），他头戴厚厚的建筑帽、身穿价值 2 900 英镑的西服、脚上是一双 2 000 英镑的皮鞋，拒绝了工地经理递来的防护手套，赤手空拳为生态屋垒上第一块砖。为了把这蜂窝状的砖块放到指定的位置，查尔斯不仅擦伤了手指，还把出自萨维尔街的高级定制西服弄上了水泥印。可见服装穿着应与环境的整体相谐调，从而使工作做得更加完善、到位。另外是饰物的匹配，为点睛之笔。诸如鞋、帽、巾、袜等装束的相配，应相当在意。否则，高跟鞋与休闲装为伍、西装运动鞋一体，能不别扭、看之能顺眼？因其有悖常理。这也是服装审美的一大需要注意之要点。正是这诸方面的有机组合，才使服装在与人体的再构中，形成全新的视觉形象，给人以美感。

图2-4 查尔斯王子身穿高级西服在为建筑环境基金会英国沃特福德新建的一处生态屋奠基

[1] 歌德. 歌德谈话录[M]. 朱光潜，译. 北京：人民文学出版社，1985.
[2] 约翰内斯·伊顿. 色彩艺术——色彩的主观经验与客观原理[M]. 杜定宇，译. 上海：上海人民出版社，1985.

四、典型性

典型是艺术理论中的重要内容,审美中的典型是艺术美的集中体现。服装审美的典型是服装美的高度体现。那什么是典型?

(一) 典型

恩格斯说"每个人都是典型,但同时又是一定的单个人,正如老黑格尔所说的,是一个'这个',而且应当是如此。"黑格尔所说的"这个",是存在于特定时间、特定空间的独特性格,是不可重复的"这一个"[1]。这是文艺界的著名理论,说的是艺术形象的鲜明的个性特征,越是典型的,就越具个性化。服装典型,说的是着装者的个性美。其所穿之装的审美元素的选择、取舍和组配,与穿着者本人的性格、爱好、思想等的吻合程度。人与服装和谐组合而成的新质体系,定会是个跃然于社会生活的审美对象,受大众的崇拜。典型的体现个性的服装,男子因其伸阳刚、显帅气、助偶傥;女士则可尽显九曲、温柔、性感之美。服装作为显示成功者的形象,作用不可小觑。这表明,个性特征的显现是服装的自然要求,亦显其出色的审美效果。

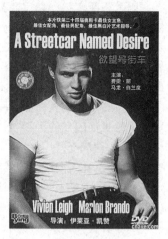

图 2-5 马龙·白兰度在《欲望号街车》所穿 T 恤,引起大流行

(二) 典型装束

典型衣装是个性化的体现,是受社会普遍认可、崇拜的偶像。美国电影《欲望号街车》中的 T 恤衫(图 2-5),由于马龙·白兰度穿出的帅性,颇具市场吸引力,迅速成了当时青年竞相追逐的对象。设计师与名人结合,所创造的服装佳作,更成服苑佳话。震惊法国服装界的奇才 Jean Paul Gaultier 与乐坛天后麦当娜的合作,可谓是最合拍、最神奇的融合。1990 年,Gaultier 为麦当娜在她的"金发女郎野心勃勃环球演唱会"中设计的造型,一改麦当娜女性的妩媚诱惑力,以"Cone Shape Corset"的舞台服,变为略带雄性力量的坚毅,拥有男人般的强势,从而使其成为演唱会的巨大亮点,并引发了内衣外穿的浪潮。而这也进入了 Gaultier 的造型设计的经典系列。16 年后的 2006 年,Gaultier 再度为麦当娜的世界巡演设计演出服。在巴黎女装设计部,Gaultier 用了许多时间及精力,研究高级的质料如塔夫绸、公爵夫人缎、高贵的 Chantilly 蕾丝和雪纺丝绸等,设计马裤、衬衫和夹克等,以满足演出服的个性需要。这可从他绘制的大量草图中,看到 Gaultier 对该时装的个性设计的用力之最(图 2-6)。

图 2-6 为适合麦当娜演出显示个性的需要,GAULTIER 绘制了大量的服装设计稿

---

[1] 马克思,恩格斯.马克思恩格斯选集(4).北京:人民出版社,1974.

以上的划分,只从大众审美的普遍习惯出发;有的还从形态美、色彩美、动态美进行划分[1]。在实际的欣赏中,人们并不可能如上述那样单一,常常是交叉互动,多种特点共同作用的审美结果。

"你穿的这身衣服真美"或"今天你看起来真美",这两种说法的交点在于人与服装的组合关系(再造性重组)。这是上述四大特点的中心。人这个审美主体如果和审美客体服装不能形成密切而和谐的关系,即一个整体(人、装合一),那是无法构成审美的。这是特别需要注意的。

第三节　审 美 导 向

服装是一种物质文化,人们在穿着、观赏服装时,也是在关注着一种文化倾向,这就是服装审美的心理导向。关于这一点,说法很多,有从面料、款式、色彩等服装三要素来研究的,有从服装风格来探讨的,有从服装流行的角度来推断的,等等。各种研究方式都没有离开服装的服用对象——人的活动,这是共同之处。既然服装的服用穿着以人为主体,受人的行为、环境、时代的影响,那么,不妨直接从人的心理为研究的出发点和归结点,更为接近生活,也更便于理解。据此,可以归纳为炫耀导向、趋众导向、新奇导向、名牌导向和流行导向。

一、炫耀导向

炫耀,是人类所共有的基本心态,生活中的任何环节都会有值得炫耀的事发生,即人们是生活在炫耀的环境中,彼此都会成为炫耀的动因,都会成为炫耀的实践者。可以说,人们是在炫耀中彼此交织前行的。尽管各自的表现形式不同,可目的却是相同的,即在炫耀中胜过对方。

(一) 炫耀及其他

炫耀就是自己的事和物,比他人好的一种满足感的张扬,有时甚至是以挑衅的方式向外宣示的行为。这是基于人不满足的本性,所产生的心理外化的行为,实际上是一种攀比心理作用的结果,由此延伸出炫耀性商品这个概念。它是经济学家凡勃伦在《有闲阶级论》中提出来的,他把商品分为两大类,即炫耀性商品和非炫耀性商品。非炫耀性商品,满足消费者的物质效用;而炫耀性商品则使消费者精神上满足,即虚荣效用的满足。炫耀性商品至今可分为三类:一是天然品,如黄金珠宝等;二是奢侈品牌,一种人为的稀缺品,纯粹是符号;三是名人物品,因名人使用或拥有过,所以价值也就高。

(二) 服装炫耀

服装是生活中人们最常见的炫耀载体。利用服装炫耀穿着者的美丽、炫耀地位和财富、炫耀气质(指尊严、风度、个性)等。爱美之心,人皆有之。通过服装衬托各自的体质之美,是现代服装审美的普遍要求。尤其是女性,更是乐此不疲。以服装表示风度和尊严,也是一种炫耀。民国初期的长袍和马褂是善于交际的着装,而穿长衫则有学者之称。蒋介石就曾利用长衫、马

---

[1] 李当歧.服装学概论[M].北京:高等教育出版社,1998:173.

褂的装束,风头大大盖过了一身戎装的李宗仁。国外也有显例。英国男装黑礼服、燕尾服、司的克(手杖),炫耀的则是绅士的形象。当今以服装显示个性、体现气质的,更在于炫耀自身的穿着特色。

二、趋众导向

实际场景中的某些现象,人们会有一种较为相近、相同的看法或态度,某一时段往往还会取一致的言行。心理学称之为趋众现象。

(一) 趋众

趋众也称从众,就是暂时放弃个人的信念、态度,而再现他人的一定外部特征和行为方式,俗称"赶时髦""随大流"的模仿。服装从众的产生,是服装个体受某地域环境、习俗暗示、时尚导向、群体氛围的影响。这种审美导向是以他人的着装方式为自己的标准和模式,带有一定的盲目性,不顾及自身条件、着装环境等因素,别人穿什么,他也紧跟着穿;社会上流行什么,他就赶快添置,也是造成服装流行的重要因素。把流行服装看作是适合任何人的服装,忽视流行服装的共性与各穿着者之间的关系。常识认为,流行服装是有其客观合理性的,也具有较广的适用范围,但并不等于是说适合每个人。若不加区别地只要是流行的就往身上穿,那可就有"东施效颦"之虞了。

(二) 趋众慰藉

产生趋众这种导向,是有其心理依据的。主要是寻找社会认同感和安全感。因为这种心理是以大多数人的行为为准则,这就从人数上获得了强大的力量而感自慰。具有趋众模仿心理的人,或者是出于某些实际存在(如文革时期的着装形式)的社会压力(或来自想象的所谓压力),或者是出于某些心理需要,而放弃原来的着装方式顺应潮流。所以,只要是眼下流行的,就是好的、时髦的,就有种安全感。相反,则是陈旧的、落伍的,并引以为耻而感"丢脸""难堪",心理上缺乏安全系数。因此,这是一种自觉接受社会行为规范的服装审美的心理。当然,若要仔细研讨的话,在整个趋众模仿的着装导向中,也是有差别的,有的趋同于色彩,有的在款式上模仿,还有的则在局部(如图案)用心,等等,以求符合社会审美准则。这也为服装设计提出了新的研究课题。

三、新奇导向

不满足、不甘于现状,对新事物充满好奇,是新奇的基本内涵,也是时尚社会的现实。在流行、潮流面前,总有些人显得很激情、冲动。这就是新奇心理的表现。

(一) 新奇之求

求新求奇是指对现状的突破心理,这在现实中是普遍存在的。在现阶段,社会的安定,生活的提高,人们是不会安于服装上的老面孔的,更不喜欢一成不变的款式、色彩,就是面料人们也讲究不断的翻新。从审美的门户——眼睛来说,长期接受相同的面料、色彩、款式,缺乏新鲜感而使视神经疲劳,故追求新奇。就审美心态来说,那一层不变的服装,使心理凝固而失去应有的审美活力,故也需新奇的形式加以调节。越是新奇,就越能显出自己的与众不同。他们以"异"为追求的目标。只要是新的服装,新的视觉形象,就能满足他们的好奇心。具有这种心理动机的人中,以经济条件较好的城市男女青年居多。他们富于幻想,渴望变化,蔑视传统,喜逐潮流,容易受宣传和社会的影响,往往表现为冲动式购买,只凭一时的兴趣而已。这些就是他们的特征。

（二）新奇轮回

宽博的袍衫和宽松的裙装，是我们中华民族的传统服饰，分别具有威仪和飘逸感，时至今日，谁都会承认它的历史价值，但却没有人会去穿着它，更不会以它为审美目标。然曾几何时，社会上宽松的衣衫、裙裤等，亦间或可见（20世纪70年代中期、80年代后期），成为新的时髦。这时的宽松造型，体现了开放社会新的时代风貌，即人们对时代风尚的执着追求。因此舍弃简洁合体之造型，而使新一代的宽松造型大行其道。几年之后，人们的视觉神经厌于此式时，那体现女性曲线美的造型再度面世。进入20世纪90年代，随着社会节奏的加快，人们追求新的合体的服装，介于宽松和表现曲线美之间的新的造型，而更适合现代社会发展的需要。至2008年冬、2009年春，男生裤装的宽松度更高，那肥大之势，常令人吃惊。服装中的标新立异、喜新厌旧是值得提倡的。它们是促进服装发展的强大动因。

四、名牌导向

经济社会的商品，讲究的牌子，学名叫品牌；而其中有名气的称名牌。现代消费的人们，往往以名牌为购物标准。这就是名牌导向。

（一）名牌身价

这里所说的名牌，包括名师服装、名牌商标、名牌厂店、名牌面料，有的还包括辅料、装饰用品都讲究名牌。因为一款名牌服装加身，顿有身价百倍、精神陡增之感，尽管价格高出一般服装几倍、十几倍乃至几十倍，也是门庭若市，销售看好。

（二）借牌自重

名牌之所以如此受欢迎，主要在于：其一，名牌的知名度高，社会影响大，借名牌自重，衬托着装者的社会地位。国外品牌最早进入我国市场的是皮尔·卡丹，人们在购得其商品时，大多把袖标久久保留、不愿拆去，是借卡丹的名牌效应推广自己，实际上也是一种炫耀。这就使名牌穿着取得有别于他人的优越感，是一种心理自我满足的表现。这股着装倾向，有愈加强盛的趋势。服装设计和生产等部门，应紧紧抓住这股心理导向，创我国服装名牌，吸引消费者。在这方面我国已开始努力并已有一批名牌服装，且已受到国家有关部门的高度重视。但从服装审美心理导向来看，仍然以国外名牌居多，也更受欢迎。

五、流行导向

关于流行，详见第六章，此处单列，意在强化服装审美心理导向的完整性，以期引起重视。

（一）流行

流行是短时间内由社会上大多数人追求同一服装行为，并背离以往穿着习惯的穿着方式，它具有连续性、感染性的特点，并以社会接受能力为依归、为尺度，即在社会、民族、地域、文化等允许的范围内形成流行，而每个审美者又是依此进行自觉或不自觉的自我修正。

（二）流行时态

同世界上的事物都存在正反两方面一样，服装也是如此，既有流行服装，也有逆时款式。这是文化价值观成双对应现象。以趋众导向分析，在逆向心理的驱使下，即表现为非趋众行为和反趋众行为。前者坚持自己的行为方式和态度，不人云亦云，随波逐流，而是我行我素。这种人个性很强,具有独立的意识,不易为他人所动。而后者故意与大众或群体对立,不以大多数人的行为方式为准则,他们的衣着行为完全与流行趋势相背。你流行紫色,我偏爱黄色;你流行合身款,我偏喜宽松式。这种反趋众的行为很值得研究,它往往孕育着下一个流行趋势,即在反趋众的事实中孕育着新的热点。因为当某种造型或色彩处于流行的盛期,也就是其走向反面的起点,所以,这种反趋众的服装行为往往给人以新的视觉感受,从而造成新的流行趋势。这是我们在研究服装流行时应充分留意的一股审美导向。

上述炫耀导向、趋众导向、新奇导向、名牌导向和流行导向,其实,皆从属于心理导向,并可概括为顺应性和逆向性两种。顺应性就是依据穿着者本人原有的心理定势,起暗示、提醒、强化着装效果的作用。如性格外向的人穿上运动夹克,它不仅体现着装者好动的一面,而且还时刻以自觉或不自觉的形式暗示、提醒自己,使之原有的心理定势得以强化。所谓逆向性,就是对原本并不属于自己的某些性格特征,常常表现出一种强烈的渴望和欲求,即以服装来暗示和提醒着装者心理结构中未曾显示的一面,起淡化或逆反原有心理定势的作用。如性格柔弱内向的小伙子,总希望自己能焕发、洋溢出一股阳刚之气,而把原来的弱点或不足掩饰起来,因此,他就借助运动性夹克来满足这种心理需求。时间一久,他自己似乎也觉得具备了这种自我意识,如言行上也会发生潜移默化的变化,别人也会逐渐习惯他的这种形象气质和性格特征,从而忘却他本来的柔弱习性。这就是着装触发了着装者心理结构深层的那好动的一面,并使之外观化,进而改变原来的心态及人们对他的观感。上海电视台相亲类节目中有一男子不自信,曾借衣装红色之强烈给自己打气(以往他没穿过此色),结果赢取姑娘芳心,牵手成功。这是逆向定势在现实中的成功显例。

第四节　服　装　审　美

人们在谈论、观赏服装时,常会以某某风格加以评说,这种观感的发表,大多根据着装者外形立体而发,即从服装的外部构成知其风格所在,此谓服装外部造型轮廓线所阐发的文化倾向。它包括面料、染织、饰品、里衬、刺绣等结构要素。这里仅从审美角度对服装外部廓型的整体性作简要阐述,即分析文化的构型地位。

一、廓型

现代流行概念中,常见"Line(线、线条)"一词,就服装看,它是"Silhouette Line(轮廓线)"的简称。Silhouette 原为黑色剪影,后引申为剪影画、外形及轮廓线,指着装状态的外部轮廓形,即"外廓型"或"外型",是服装造型最简洁、最概括、最典型的外部特征的表示。它包含了着装体态、服装造型及其形成的风格。这是服装设计的基础,服装的流行更是据此展开。可以说,现代服装的流行就是对服装廓型的研究和发展。

(一)廓型意义

服装廓型,是款式设计的最终目的,即塑造外形和形成整体印象,是服装造型设计的一个主体的两个方面,同为服装设计的两大重要组成部分。

服装作为直观的形象体,最先进入视线的是其外部轮廓特征,这种典型、简洁的概括性符号表记,为服装造型设计的本源。因其给人以总体印象深刻,有如剪影般的观赏效果,而受业界重视。廓型是区别和描述服装的一个重要特征。服装廓型不同,其造型风格当然会不同;其发展变化蕴含着较深厚的社会内容,也是流行时尚的缩影,是不同历史时期服装风貌的反映。服装设计师往往根据服装廓形的更迭变化,分析、探讨服装发展演变的规律,以便准确、科学地进行预测和把握流行趋势,从而踏准流行时尚之脉搏,为符合市场需求开展服装设计。

款式设计是服装内部的结构设计,包括领、袖、肩、门襟等各组合部件的造型设计。其风格应与服装廓型的风格相互一致,彼此照应,形成内外一体的完美造型。在服装的整体风格中,服装内部款式的局部个性特色也是必要的,否则,因缺乏亮点而无生气。这里结合典型的 H 和 X 廓型,进行具体说明。H 廓型,亦叫长方形廓型,强调肩部造型特点的表述:自上而下不收腰,筒形下摆。这种造型使人有修长、简约感,塑造男性的严谨、庄重的风格特征。现代服装中诸如运动装、休闲装、居家服、男装等的设计,其内部造型线设计多偏重直线、垂直、水平,内外风格一致,内部结构衬托外部造型的整体美,从而准确表达 H 廓型的简约、庄重的风格特征。

X 廓型描述的是肩宽、紧收腰部和自然舒放下摆等部位的特点,体现女性的优雅气质和柔美的风格特征。这在婚礼服、晚礼服、鸡尾酒礼服和高级时装的设计中,得以充分表现。与其内部造型线相适应的设计,须偏重局部曲线的表述,如波状裙摆、夸张的荷叶边、轻松活泼的泡泡袖等,以充分塑造女性的优雅与浪漫。应注意的是,X 廓型服装应避免运用直线形结构,以免减弱或破坏柔美的整体造型感(图2-7)。

图 2-7 服装廓型与结构线之间的相互关系

这表明,服装廓型和服装款式内部结构是互为依托和制约的,廓型重在规划服装的外部轮廓,款式内在设计则丰富、支撑着服装的廓型,两者在关联、依存中完善着服装的整体美。

（二）廓型分类

服装廓型虽受社会文化的影响，但以人体为主体。服装造型的千变万化，皆以人体为基础，即支撑服装的肩、腰、臀这几大关键部位。服装廓型的变化，主要也就是通过对这些部位的强调或遮掩，而形成了多种多样的廓型。根据其不同的形态，通常有以下几种命名方法：一按字母。如 H 型、A 型、X 型、O 型、T 型等；二按几何造型。如椭圆形、长方形、三角形、梯形等；三按物形。如郁金香形、喇叭形、酒瓶形等；四按专业术语。如公主线形、细长形、宽松形等。上文提到的 C. W. Cunnington 曾把廓型简略概括为 X 和 H 两种类型，而设计师据此则又创造出各具特色的女装和男装，即许许多多的新颖廓型。

图 2-8　Louis Vuitton 2011 秋冬高级成衣：收腰的沙漏形和圆润饱满的椭圆形

人们可从近 5 年的海外发布中一窥其概。早在 2008 年秋冬国际品牌的发布中，欣赏到设计帅对廓型运用得如何得心应手，作品的精彩令人迷恋。Celine、Balenciaga、MaxMara 填充过的肩型，使人隐约看到了 20 世纪 80 年代女强人装的影子，但少了些强悍的成分，细节浪漫的设计烘托，使之多了些柔和谦让的特质，更显平易近人。

细加分析，还可发现大师们的廓型设计并不是单一的，往往具有多重性。Louis Vuitton 2011 秋冬高级成衣就带有明显的这种倾向（图 2-8）：收腰的沙漏形和圆润饱满的椭圆形。把这两种廓型组合在一起，旨在强化其主题制服的诱惑。这种廓型结构是大胆的挑战。所以，服装的廓型结构，可以某一种为主，作造型主体，但还须有其他形式相辅助，使设计作品更完善。推敲设计师的成功大作，都会寻觅到这种特点。

这种分类的细化推演，导致了服装款型的千姿百态。它是服装设计师发挥灵感之所在，是推动设计的基础。阿玛尼创业之初，打响市场的就是廓型的引人注目。20 世纪 70 年代末，他在首个男装系列的基础上，将西装的领部加宽，增加胸腰部的宽松量，所推的倒梯形，就颇具创新性（图 2-9），赢得"八十年代的夏奈尔"的美称，服装业也就进入"阿玛尼的时代"。

图 2-9　阿玛尼在《美国舞男》的倒梯型设计奠定了事业的基础

二、细节

细节是服装的闪亮点和个性特色的表现。以小见大，以局部显示整体，俗称"画龙点睛"，即点缀的妙用。这就是细节的巨大艺术力量。所以,有作为的设计师都会在这里着力开拓创新,以博取设计作品的脱颖而出,引人注目。

　　现代服装的流行时尚,细节设计往往是设计师颇为用心之处,大凡在款式、面料、图案等处,以夺人眼球之笔,打动消费者,获取市场效益的最大化(图2-10)。如今设计师们对细节的重视达到了很高的程度,他们对细节的处理,往往多有出人意外之笔,如拉链、结饰、流苏等的表现(图2-11~图2-13)。

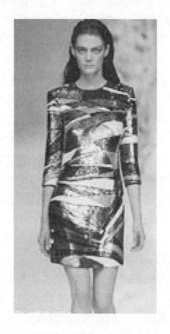

图2-10　讲究廓型的图案处理,使之更具审美价值

图2-11　讲究廓型的图案处理,使之更具审美价值

图2-12　块面状态的色彩结构,以及细部构成的柔美性,亦同样吸引眼球

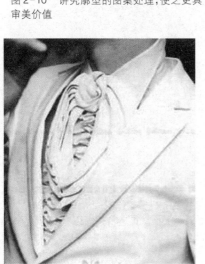

图2-13　讲究细节的设计,使观感更为出挑

三、廓型与社会

服装史研究者曾指出,经济发展不景气,或遭遇危机时,裙之造型就偏长。且裙子越长经济形势就越严峻。这似乎向人们透露,服装廓型还关系到社会发展状态,即影响到服装外轮廓线的构成。有专家更明确地说,一部服装史就是服装廓型发展史。就是在社会发展的某个阶段,廓型变化还是与社会环境氛围相吻合的。这里仅以上海开放第一个10年的女装为例,进行简略分析。1980—1989年,短短10年,上海女装在流行的推动下,虽步入穿着的新时代,可社会因素的影响还是较大,廓型还是能细分为局部细节悄悄变(1980—1983年)、V型装和蝙蝠袖流行(1984—1985年)、V型更夸张(1986—1987年)、X和A廓型呈主流(1988—1989年)这四个阶段。

国际形势对服装造型影响更明显。1973年10月,中东战争导致的石油危机,带来一系列的社会变动,全世界都对中东地区显得非常关心。产油国所积聚的大量的美元,使阿拉伯客商对高级时装等奢侈品的需求急剧增加,导致了箱型、H廓型即宽松肥大服装的流行加速。而欧洲劳动力的升值,为减少投入、降低成本和便于生产,外廓型直线构成的服装纷纷面世,一时形成气候。那是基于直线剪裁便捷,缝制既省事,又利于批量生产。有的成衣商甚至以缝纫用线的成本来"严格考核"设计师,说:"用最短的缝纫线能完成一件成衣的设计是最优秀的设计"[1]。这种廓型风格的服装显露流行舞台,是世界服装文化极大丰富的表现。所以,研究廓型应该与社会发展相联系,社会的状态对廓型的发展走势有较大的影响。

图2-14 佩罗特·沙德(Perrot Schaad)的燕尾艳红长裙

2008年,由美国引发的全球性金融危机,至今对服装业仍在发生着影响,而于廓型设计亦是很明显的。至2011年,国外秀场发布2012年春夏时装,但见长式裙装不断推出,然裙尾造型新颖多样,或蜿蜒曲折,或精致剪裁,或灵动飘逸等。图2-14为佩罗特·沙德(Perrot Schaad)的型如燕尾的艳红色长裙,弧形飘逸,习习生风。

欧美时装周秋冬流行趋势之秀场,同样引人注目。女人味十足的修身裙装接连不断上演。显示女人魅力,女裙不能少。其穿着搭配又呈不少新意,显得活泼、不拘束,裙衩均在前侧(图2-15)。不少短款裙的问世,亦值得重视,似乎透露出经济前景之信息。如Shiatzy Chen,就有以"短"为设计特色的。H型轮廓的立领衬衫裙、迷你裙、圆形臀廓的短裙及恰好包裹臀部的热裤等(图2-16)。且色彩大多偏向厚重之深色,以示对经济前景还是有所忧心。这已为当年秋冬的穿着实践所证实。

---

[1] 陈建辉.论服装设计风格中的结构与解构[J].装饰,2005(01).

图 2-15　瑞贝卡·明可弗（Rebecca Minkoff）的 2012 秋冬趋势发布：前侧开衩裙

图 2-16　包臀短裙风行于 2013 秋冬

　　若从比例、平衡、韵律、视错、强调等形式美的基本法则，以及点、线、面、体这些形式美的基本要素，进行审美分析的话，还可以得到更多的认识，这是服装设计学的重要内容。

第三章

社会与服装文化

　　服装是生活必需品,人所共知。不过,若想依其来解释各种社会现象,乃至社会发展进程,或谓之与文化表征、价值体现、民族传统和时代风貌等相关话题,还须有番理论。本讲仅就此展开讨论。

　　人们在相互交往中,总会构成群体、阶层,其中地区甚至民族的物质水平和精神面貌等,也必会有所融注,呈现为某种社会性的文化特征。这就是现代社会与服装文化所要研究的主要课题,属于服装社会学范畴,是一门新兴学科,20世纪60年代以来,随着社会经济和科技水平的发展,才逐步形成和完善起来。

第一节　服装的文化表征

文化,简言之,是人类在社会实践中所创造的物质财富和精神财富的总和。而服装正是人类物质文明和精神文明的产物,它是物质和社会意识(含艺术)的综合体,并非纯物质材料的组合。物质和精神,统一于服装,相辅相成。有学者断言:"这个世界的规范原则,都编列在服装系统里。"[1]这里,"编列"的文化体现,意为表征。服装的文化表征范围相当广泛,此处仅集中于社会变化和文化功能两方面展开。

一、社会形态不同的服装文化

有位学者在研究美国服装时曾深刻而形象地说:"从整体来考虑,美国服饰是一种复杂的文化类别与各种类别关系的组织基模,也是一张文化宇宙的真实地图(这么说并不夸张)。"联系上文,可知学者们对服装的文化价值的认同度非常高,也是服装文化表征的价值。[2]

服装是社会的人造产物。社会形态不同,服装必会异样。社会变革,服装也会随之更替。它忠实而形象地记录了社会的发展进程。这是服装作为特殊载体的属性所决定的。因此,说它是浓缩了的社会历史,也似无不可。

(一)服装反映社会进程

社会与服装之关系,在前面服装演变中已有述及。本讲再从文化表征的角度进行阐述。先看我国。1949年10月,新中国诞生,时兴于民国的长袍、马褂、旗袍,逐渐功成身退,被中山装、列宁装、布拉吉、绿军装等所替代。这是百姓追求新生活的着装表征,以及当时之国际关系表征,也是社会形态改变后在服装上的反映。新社会,新气象,新面貌,是全新的社会形态于着装上的表现,是全国绝大多数人群的着装表现,更是一个根本性的、质的变化的表现,它是人民大众执掌政权的表征。

再看法国的"无套裤汉""长裤党",是穿半截丝绒套裤贵族对这些"非马裤阶级"的蔑称。这种既长又大的裤子和罩裤,是出入打谷场的劳作之装。可正是这些人成了法国大革命的主力,他们夺得了政权,成了国家方针大计的决策者,受到人们的崇拜、礼遇,甚至被蔑视的服装——长裤,竟也为上流社会所接受,不仅誉为时尚,更冠以"共和主义者""爱国者"的非语言表征了,即一场社会制度的变革,导致了社会成员地位的转换,实为新政治体制的社会表征。

(二)个人情绪宣泄

社会变革给人们的衣着生活带来的变化,是意识形态改变之所致,这基本已成了一条定律,并已为服装史所证实。20世纪60年代的欧洲青年,热衷怪异、随意的穿着,为社会斥责,谓之放纵、怪异,并被称为"垮掉的一代"。果真如此?! 当时欧洲青年思想活跃,生活光怪陆离,他们不满于传统的习惯势力,向往极端的个人自由。这与社会规范相矛盾,理所当然遭到社会的否定。在经历痛苦的思想冲突后,他们借怪诞之装,以弥合内心之不平。这是思想迷茫之表征。

---

[1] Susan B. Kaiser.服装社会心理学[M].李宏伟,译.北京:中国纺织出版社,2000.
[2] 同[1].

这种情况我国也有发生。刚跨入 20 世纪 90 年代，人们也面临着一场思想变革大潮的冲击。国门初开，青年们面对汹涌而来、五光十色的西方文化，新奇目眩。面对东西方新与旧的文化激荡，处于农业文明与工业文明的交错中，他们思想异常活跃，情绪激奋，可一时又不知方向在何处。为平复这一难安之心情，他们选择了服装。特别是大城市的青年，但见所穿衣装之前胸后背（图 3-1），多印有"拉家带口""烦着呢，别理我""跟着感觉走""情人一笑"等，带有个人情绪又颇具调侃之言词，以表现其处社会大变革前思想的徘徊、彷徨之精神苦闷。他们三五成群行走大街，以此为时髦。而着装文字所传之讯息，虽含消极之义，但在商品大潮袭来时，可以理解。而文化衫就此登堂入室。有些怪诞之装，甚至

图 3-1 "前胸后背"饰有文字、表达一定情绪的衣衫，又称文化衫

还走上了时装化的道路。这是反传统的青年们所没有料到的。就是时至今日，各类服装发布中，还可见其轨迹之延续。试想，这怪异着装的文化表征，生命力可谓强矣。

二、服装文化的功能性

服装的护体和遮羞功能，随着社会的发展，文明程度的提高，这两大基本功能显然已降为次要地位，而注重更高层次上的文化潜能的发掘。如增强秩序、提高效率、表现个性、塑造形象等功能，已越来越成为人们衣着文化的主要追求。

为容易理解，先对"制服"一词作个简述。制服是一定的社会意志对社会集团、按照法规、制度而穿着的定式之装。英语称"uniform"，即统一的衣服。因社会规范程度强弱的不同，又可分为按法律规定穿着的正式制服（formal uniform），如军服、警服、法官服、囚服等，以及社会集团所规定的职业之装（quasi uniform）。这里层面较多，包含不同工种的工作服、作业服（work uniform）和各公司职员的事务服、办公服（business uniform）及不同职业类别的职业服（career apparel）等。此处所指制服为正式制服和不同职业类别的职业服。

（一）增强秩序

服装具有增强秩序的功能，我国古已有之，"垂衣裳而天下治"、"昭名分，辨等威"、"百官服制等"，就有维护统治秩序的含意。至 1911 年辛亥革命后，服装上所寄寓的等级社稷之意识被尽行废除，代之以新型的维护秩序、增强社会稳定功能的服装相继推出，即制服。如公安局和军队这样强力性组织机构，他们的职责就是保护群众、维护社会秩序和国家安全，以及应对突发事件。这是他们制服的外在权威性所致，即人们用制服来制定权限、赋于服从的内涵。这是国家形象、人民利益的内涵文化功能之表现。所以说，制服是组织机构完整独特价值观的文化表达，它通过机构成员的穿着予以展示，并对其行为进行约束。但凡突发重大自然灾情，就有武警战士迅速到位抢救难民的身影。灾难降临但见身穿迷彩服战士到来，灾民们无不感激，视为"救星"。迷彩服就成了灾民盼望救助的物质文化符号。而公安人员身穿警服，巡视各处，震慑不法之徒，维持地方治安（图 3-2）。这些警务人员是安全的保证、是信赖倚靠的象征。这里，制服的外在警示标识的内涵，发挥了巨大的权威性。

图3-2 警服外在的警示、威慑作用,一目了然

其他如海关、工商、税务、质监、城管等的制服,尽管多至几十种,但却是维护社会正常秩序所不可或缺的。因为这些大体统一而局部互有区别的制服,穿上它行走于闹事小巷,似有鹤立鸡群之感,异常醒目,便于识别。特别是那宽肩式的服装造型和棱角分明的大檐帽,更衬托了穿着者身材的英武魁伟,为执行公务平添了几分威严!生活和影视作品中亦有形象反映:路边商贩好好的做着买卖,突闻一声"大盖帽来了"的喊叫,众商贩赶紧手忙脚乱收拢货物,速转他处。制服之管理作用,显而易见。

(二)提高效率

现实社会告诉人们,每个人从事的工作各有不同,所处的环境亦各有差别,故所需的服装也各有不同,包括款式和材质亦各有要求。为提高工作效率,就须使个人的服装适合工作,适合环境。运动员穿着合适的服装就能使其运动水平得以超常发挥,消防战士穿着防火服就能有效地投身到灭火抢救生命和财物中去。除这些具有特殊功能的服装外,还有众多职业服的规划设计和不断实施,是各个行业对服装功效文化的整体要求,从而淘汰了"工作服"这一概念。它是以企事业的单位性质、工作特点、群体"个性"为依据,而设计、制作的统一着装,以利工作安全、效率提高和便于识别的团体化制式服装,具有鲜明的科学性、功能性、象征性和审美性等特点(图3-3)。如大型商厦、公司(集团)、企业等,对职业服的要求相当高,有的还制定了严格的规定。20世纪美国某经理协会发布过一个经理人的着装标准,给人以诚实、可靠、精干的印象(表3-1)。

图3-3 纪梵希设计的别致、独特的职业装

表3-1　美国经理人着装标准

西　装	衬　衫	领　带	皮　鞋	袜　子
灰色	白色 浅蓝色 淡青色 玫瑰色	颜色不拘	黑色(有鞋带者为正式)	与领带颜色相同
深灰色	白色 浅玫瑰色	红黑色(若有条纹更佳)	黑色	黑色
深蓝色	白色	深红色 条纹白色 条纹红色 条纹天蓝色	黑色	深蓝色 深白色
沙土色	浅蓝色 浅青色 玫瑰色	深蓝色	浅褐色	浅蓝色 浅青色
暗褐色	白色 浅褐黄色 浅玫瑰色	红黑色条纹褐色	褐色	褐色 红色
黑色	白色	银灰色(条纹亦佳)红黑色	黑色	浅灰色 浅黑色 紫黑色

　　再以服装商场的销售人员为例进行说明。店员们的穿着通常是整洁、时髦,且符合商家的文化形象。但仅此并不够,还必须兼顾营销对象,以期获得较好的经济回报,即必须顾及到消费者的感受:店员的着装能够对购物者有所吸引力,至少不反感。人们在购物时,导购人员的着装,在实际消费过程中有较明显的影响。这于每个人都会有不同程度的感受。经济组织的职业服,不仅关乎员工,而且也影响到它的顾客。服装作为第一信息传递的媒介物,其地位之重要,于此可见。所以,每个人都要十分清楚地明确自己的社会职、承担的社会责任,懂得利用服装的装饰作用和符号特征,为自己创造有利的条件,以便更有效地从事各自的工作。

(三) 表现个性

　　俗话说:"穿衣戴帽,各有所好。"这里的"好",就是个人的爱好、兴趣、习惯等,即个性特征。穿着个性特征是人们衣着生活的基本准则,即以服装为塑造个性形象的媒介,而在社会上扮演一定的角色。所以,服装表现个性的功能,也可以说是服装的角色功能(图3-4)。这就是说,服装并不是满足一般视觉上的好看,更重要的是向他人展现自己的个性。诚如黑格尔所说:"人的一切修饰打扮的动机,就在于他自己的自然形态(人体)不愿意听其自然,而要有意地加以改变,刻下自己内心生活的烙印。"迪奥在总结自己

图3-4　显示活泼的个性

设计女装的经验时也有相似表述:"每个妇女都赋予自己穿着衣服的个性。"她们并不看重一件衬衣、一条短裙或一款大衣是否好看、质地是否上乘,而是乐于按照自己的心愿去挑选、配套,来创造表现自己个性的服装。可以说,着装的突出个性,是现代服装的一个总趋势。

即如高层人士的穿着也是有其个性的。总统、首相等人常处于国际舞台的中心,他们的衣着就不是个人之事,而是带着浓厚的国家、国际的政治色彩。美国前总统老布什之所以能荣登"1989年度最佳衣着名人榜",就在于"他的衣着得体,品味纯正,令人觉得舒服。"因为他充分了解衣着与公众形象的关系,所以,在竞选总统和就任的几个月间,就显露出他着装的个人风格。同理,英国前首相撒切尔夫人,早些年因忽略衣着而颇遭微词,被一家知名的时装杂志称为"墨守成规妇女的体现"。这对"铁娘子"震动很大,她不敢懈怠,马上就到已有120年历史的英国阿奎斯卡顿公司去选制服装,以此改变她在公众中的形象。他们都认识到,服装穿着与自身公务大有关联,得当的衣着形象会起促进作用,即朝着有利于自己一方发展。

服装的个性化,是一门难以捉摸的艺术。所谓的个性,并非是女性的婀娜多姿,飘逸优雅,也不是男性的西装革履、气宇轩昂,而是掌握穿衣的品位。穿着打扮是非常"个人"的事,没有标准的衡量尺度,只能凭自己的揣摩,穿出属于自己的特色。

(四) 塑造形象

影视艺术作品中的服装,是塑造人物、深化主题所不可缺少的。这就是演员服装的角色化——戏装,它们是以演员穿出之后的神韵为第一要义的,并且随着剧情的节奏和情绪而变化,即以服装作道具使之视觉化。影视剧服装设计师是颇得个中三昧的。艾伦·米罗吉尼(Elen·Mirojnick)是其中的高手,她总是以剧中人物需要(如个性和景况)为出发点,利用服装将它准确地表现出来。这是艾伦的专长。她接手的几部影片如《华尔街》《致命的诱惑》《黑雨》等,其主人公都在服装这个道具的衬托下大放光彩。取得这种效果,是设计师苦心钻研的结果,她了解剧本的结构、影片的节奏、角色之间的关系、拍摄现场,她仔细观察角色的情绪和表现,这样,她设计的服装才和角色出色地合二为一了。对此,艾伦深有体会地说:"每位演员身上都有一颗'暗钮',启动它就会产生一股电光闪电与观众交流,如果没有它,即使演员再卖力,化学作用依旧不会出现。我的工作便是努力使服装诱发启动演员的'暗钮'。如果演员不能进入他的服装——角色的服装——观众注意的就会是服装而不是角色。"这段经验之谈,对设计艺术形象的服装是富有启发意义的(图3-5)。

图3-5 阔大的领口设计,衬托出阿兰(王晓棠饰)外冷内热的性格特征

第二节　服装的价值体现

　　服装是物质和精神的联合体，前者指服装的设计、生产，须以具体的物质材料为基础，后者则是以满足人们的精神需求为目的。两者互为依托，演绎服装的发展，即服装文化的发展。在服装发展的历史长河中，文化在其中发挥了巨大的作用。服装因文化而传递物质之华美，文化藉服装而尽展精神风采之无限。服装通过个人的行为动态，使它的价值得以充分显露。综观现代服装，人们的着装价值在安全、情感、习惯和职业等方面，有较大的体现度。

一、安全价值

　　生活中，但凡"安全"二字，总与交通、国家、通讯、公共卫生等相关，与服装而言恐怕听之不多。谁听说穿衣有性命之虞，这服装还关乎安全？在人们的常识中，服装只要穿得舒适，脱之方便，就可以了。其实，这已接触到了服装的安全性。

图3-6　危害健康的紧身衣图

　　服装穿得合适、得体，此为服装安全价值的基础。这里讲究的就是服装安全。对此，现代社会更是很重视人们穿出风采、穿出健康，各国不仅出台了相关的规定，还加强了平时质检监察的力度，以确保人们的穿着安全。如面料中化学成分的残留，向来是质检机构检查的重点。近年来，国际贸易中的服装出口，检查条例和要求更多，国内服装企业屡屡受累遭罚，有的还酿成不小的损失，影响企业自身的正常运转。有识之士称之为"绿色壁垒"。这就是欧美对服装安全等级提高后所带来的新的竞争方式。而在国内，我国的质监部门也频频出击检查，严防危害穿着的服装的入市流布。如甲醛、pH值的超标，是绝对不允许的。

　　从服装卫生价值角度作深入探讨的话，衣着不合适会危及身体健康。早在多年前，女性体型特征的显现是多有顾忌的，她们将自己的胸、腰束勒至极限。有记载表明，腰越细越美，竟达18英寸，使胸腔严重变形受损（图3-6），更有的为之丧失生命。这是社会病态审美追求所产生的不幸。时至今日，女性衣着安全还是存在。女性内衣之文胸，如选用不当，会诱发乳腺癌，且比例较高。这是应该引起高度重视的，就服装本身为女性健康安全提供更多的服务保障。

二、情感价值

　　服装是物质的，更是精神的产物，其中也寄托了人们精神方面的情思。满足人们情感方面的需求，是服装价值最基本的体现。

　　情感价值是现代服装中的重要内容，主要表现为显示时尚、流行情愫。人们所处社会的各个方面，都以时尚为宗，有时尚杂志、时尚城市、时尚活动、时尚创意园、时尚达人，可以说，所有的一切都时尚化了。服装是体现时尚最直接、最明显、最迅速的载体，也是人们美化自己、美化生活,体现时尚情感最为明白的、必然的选择。那是生活改善的显示,文化修养的显示,接轨国际的显示。通过服装显示时尚,是现代人的一种文化追求。

情感价值的另一表现形式为展示身份、地位,以及炫耀富有。近30年来的国内服装,也是多有体现。20世纪80年代,我国西服大流行,城市、县镇,几乎每人一款。某地农民下地干活,西装竟也舍不得脱。这是一种体现开放、精神满足、追求新潮的情感。这几年顶级服装品牌进入中国,由于其货品的精致,文化内涵的深厚,使得一些人为之寝食难安,非据为己有不可。这里,有些人是对这类品牌的羡慕,是一种崇拜感;另一些人则是引以为傲,当成夸耀于同伴的资本,且价格越贵越好。

就局部而言,自工艺图案问世以来,那些寓有美好祝愿的图案就一直受到艺术家的重视。服装作为集艺术和技术为一体的对象,吉祥图案的使用就成了人们寄托对美好生活的追求和向往,那些虽是远古朝代文化遗产的"延年益寿""连生贵子""岁寒三友""喜上眉梢""和合如意"等,以谐音、音意、会意等手段,组成图案作服装的点缀,不是可有可无的随意性装饰,而是寄寓人们深厚情感的。人们总能发现,某种场合这类图案还在承担着传达情感"大使"的重任(图3-7)。

图3-7　服装上的吉祥图案

三、习俗价值

尽管现代社会的开放度非常高,且文化高度发达,但习俗(习惯和风俗)还是在人们的生活中发挥着作用。这是因为习俗由岁月的积淀演化传承而来,即相沿成俗,约定成俗。习俗的规范之力,往往较之法律的约束具有更多、更大、更强的自觉性;习俗虽不是法律,但在民间却享有很高的地位,人们往往自觉遵守,故归入道德范畴。就世界范围而言,各民族在长期的历史进程中,积淀了自成体系的习俗文化规范,是人类文化宝库中的独特奇葩,具有通俗、感人、多面等特点。具体到服装,由于社会的进步,国际交往的频繁,各国文化的互为融合,习俗的反映和运用已较为弱化。但因居住环境和气候条件的制约而形成的穿着习惯,时至今日依然存在。

现代性的习俗主要以社交、礼仪、节庆等活动为主,是现代社会文明程度提高的又一表现形式。在某些正式场合,人们收到的请柬中往往有一行小注:请着正装出席。这是主办方为提高会议的等级和为人所重视,才提出的善意要求。这样的要求也是国际管理之使然。它体现了国际化程度的提高,及其融入国际社会的进度。这不是单纯的着装提示,而是衣着文化国际化的问题。若就个人而言,是与会者对东道主尊重的一种表现形式,也是重视自身形象的需要。出于交往需要的着装要求,不仅仅是服装本身,而是基于现代社会整个文化环境的要求,即是对文化修养的锻炼。

四、职业价值

以服装标明社会职业,体现职业精神、穿出职业形象,是社会经济发展的必然需求,也是职业价值的具体内涵。看过鲁迅《孔乙己》的人都知道,孔乙己尽管穷困潦倒,闹到连饭都没得吃的地步,就是不愿脱下那破旧的长衫,为什么?那长衫是他身份的象征,是有文化的象征,是近代有学问的代表,属"士"、知识阶层,亦引申为职业,以传授学问、知识为业,即教书先生。这里长衫也就成了该业的外部形式了。生活中见穿白大褂的,那是医务人员,称白衣天使,担负救死扶伤之神圣使命。"5·12"汶川大地震时,灾民见穿国防绿、迷彩服的人民解放军,就如看到了希望、救星(图3-8)。这是我军部队着装对百姓的无比亲和力之所致。

图3-8　一个手书的谢字浓缩了灾区民众的深厚情谊

现代社会发展迅速,行业分工趋细,为便于识别、加强管理,提高效益,各企业、公司都制作了适合自己的职业装。这样既便于内部管理,又同为企业形象的组成部分。近年来,职业服已逐步引起行业和设计人员的关注,即如何更好地使其服务所在企业。由有关部门组织的多次大型的研讨、设计大赛,从理论到实践到企业,都有了很大的改善和提高,使之在统一着装的形式美的前提下,职业装设计朝利于工作、符合职业特性的方向发展,使中国的职业装内涵发生了巨大的质变:能适合岗位、利于操作、充满特色(指所在单位、集团),还能散发时尚气息。

第三节　服装的民族传统

现代人对国际化显得特别热情,这是社会发展所致,理该如此。但对"民族"似乎冷落过多,少有提及,这也应有重视之必要。事实上,人们生活中的好多方面都和"民族"关系密切,表现为极强的传统性,谁想要摆脱几千年文明所积累而成的文化底蕴是不可能的。就服装而言,尽管人们对西方的时尚潮流心想往之,观摩借鉴经年不绝;尽管服装百花齐放、呈现多元化,但它终究是时代精神的产物。否则,人们怎会抒发"立足本土"之感言?"本土"就有"自己的""民族的"含义,是服装文化发展之根基。

一、传统是民族的根基

传统指历史延传下来的思想、文化、风俗、艺术、制度以及行为方式。对人们的社会行为有无形的影响和控制作用。传统是历史发展继承性的表现,在阶级社会里,传统具有阶级性和民族性。而"民族"一词,尽管现在并不大被提及,可人们还是会自然联想到民族性和民族化这两个概念。在当今的思维领域,两者互有涉及、交叉,然又是两个不同的概念。民族性是民族特性,是各民族在若干历史时期所形成的不同于其他民族的文化精华,它是由自然条件、精神状态、经济水准、历史环境等因素的相互影响、相互作用而形成的民族的永久本能,即民族文化的全部。黑格尔在论述人类文化史时,也曾指出过,世界历史表现为精神对于自身自由的意识的进化,每一步都彼此不同,都有各自既定的独特原则。这就成为精神的规定——一种特殊的民族精神,"并具体地表现了它的意识和意志的所有方面","一个民族的共同特征才渗透到它的宗教、政体、道德、法律、习俗,以及它的科学、艺术与技术中去",而这些具体的个性理解为一般的特性,是"从独特的民族原则派生出来的东西。"[1]可以说,民族传统是一个民族、一个国家文化的全部。

为了更好地理解这段话,用图3-9以增加形象感[2]。

图3-9如一轮子,上面八根辐条代表了民族精神的各个方面,是它们的具体显示,即黑格尔所说的"意识与意志的所有方面"。在轮子圆周所见的这些精神现象,都应该理解为以各自的独特性来实现的民族精神。它们都指向一个共同的轴心。换言之,无论从轮子外周的哪一个部分出发向内格移动去寻找其本质,最终都将达到同样的中心点。如果不能达到这个中心点,那么一定是在某个地方迷失了方向[3]。国内著名美学家李泽厚也有明确的表述:"民族性不是某些固定的外在形式、手法、形象,而是一种内在精神"[4]。至于民族化,那只是民族性的客观化,两者互为表里,关系密切。民族性是一种精神凝结,是具象的抽象概括,存在于该民族的一切之中;

图3-9　民族传统、民族精神圆轮图

民族化则是民族性的具体表现,是共性的个性显现。这就须积极地对民族传统进行整理、发掘而发扬光大,促进社会繁荣。

二、服装内核的民族性

世界上任何一个民族都拥有自己独特的服装文化。因其不同的文化背景、地理环境、生活习惯、宗教信仰而各呈其态,是各个民族的精神和风格的物质表现形式。在整个漫长的"积淀"过程中,这种精神和风格便形成了服装的民族传统。

一个民族的服装,往往成为这个民族的历史标志、符号。我国民族众多,在数千年的变迁中创造了丰富绚丽的传统文化,服装因此亦各有特色,即以不同的服装语言符号系统,表达各自的

[1]　贡布里希.理想与偶像[M].范景中,等,译.上海:上海人民美术出版社,1989:38.
[2]　贡布里希.理想与偶像[M].范景中,等,译.上海:上海人民美术出版社,1989:39.
[3]　同[2].
[4]　李泽厚.美育与技术美学.天津社会科学.1987(4).

民族特色。如汉族的阳刚、豁达,藏族的粗犷、豪放,蒙古族的剽悍、古朴(图3-10),朝鲜族的含蓄、内秀等,以区别于其他民族的心理、气质、风俗习惯和审美意识在服装上的凝结,重在精神气质的显示。世界上其他民族也是如此。如同属东方文化的印度民族服装——纱丽,就以其造型简洁、优雅合体、艳美夺目,而被称为世界民族服装的奇葩(图3-11)。再如欧洲的古希腊、古罗马的悬垂性服装(图3-12、图3-13),也别具一格,以致多年来一再被发掘而风行世界。其魅力就在于这类服装讲究比例、匀称、平衡、和谐等整体效果,以及自然下垂所形成的褶裥和皱纹等形式,可因穿着者的体态、身姿和动态呈现丰富多变的外观形态,充分显示当时人静谧的哲学气质。对此,黑格尔极为赞赏,称这些"自由的褶纹正是艺术性之所在"[1]。

图3-10　蒙古族服装服饰大赛中传统蒙古族服饰表演

图3-11　艳丽的印度传统服饰——纱丽

图3-12　这是维奥妮1931年设计,具有古希腊风格的长裙

图3-13　1911年保罗·波烈设计的帝政风格的作品

[1]　黑格尔.美学(三)[M].朱光潜,译.北京:商务印书馆,1979.

必须指出,不论哪个民族,其服装的发展也不是一成不变的,它们总是随社会的发展而不断改变,有的甚至同一个民族,因其内部文化基因、宗教信仰的分歧而分成形式多样的各种变体,如瑶族就有红瑶、白裤瑶、盘瑶、花瑶等,反映在服装上均有差异,这就是该民族的服装文化的物质表现。我们中华民族在长期曲折而又艰难的发展历程中,形成了一个以汉民族为主体的多民族的共同体,共同创造了整个华夏民族的灿烂文化,服装仅是其中一个分支。汉民族与其他民族在相互吸纳、互为交融的过程中,长短互补,共同对我国服装文化作出了不可磨灭的贡献。

三、民族传统的新阐发

民族传统是一个国家的精神核心之所在,虽说服装界的趋同性较强,也有学者认为服装中的民族性并没有议论的必要,都国际化、经济一体化了,世界都成了地球村。这是从商贸、信息、交流等角度而言的。可民族性还是存在的,具有民族性的设计,总是耐看的,经得起时间的考验。而服装设计界,民族元素还是被不时运用。进入 21 世纪,民族风情频频亮相于 T 台发布(图 3-14)。而具有 5000 年文明史的中国文化,同样是各国设计师所钟情的,都以自己的力作阐述对东方文化的理解。皮尔·卡丹是最早将中国古典建筑艺术引入设计的外国著名设计师之一。

图 3-14 埃及民族服装

21 世纪,我国民族传统服装通过大型的国际活动,频频亮相世界,诸如唐装华服、国槐绿、青花瓷、中国红等,有效地传播了具有中国传统特色的新时代的服装,让世人看到了中国服装的巨大变化,充分显示了中国服装的文化底蕴。民族传统值得重视,它是现代人寻求认同感、归属感的体现。慕尼黑大学民俗学家艾格(Simone Egger)认为,"现代社会的趋势是,流动性和弹性越来越大,但现代人又同时追求那些能够彰显自己归属感的东西。"艾格分析道:"随着流动性和不确定性在世界范围内的增加,故乡和传统的价值表现得也越来越明显。"世界生活的多样性,注定了服装的多彩性。民族性在其中发挥着重要作用。

世界各民族间的交融,多元民族文化的融会,汇聚成超越本民族的新颖文化,学者称之为"大民族"。这在服装领域表现得较为明显、突出。范思哲品牌在我国的拓展,既坚持其固有一贯的奢华风格,又汲取所在国的精彩文化,"中国元素将是未来我们设计的方向之一",以适合中国的消费心理。这是一个交织着意大利和中国两国文化的"混血儿",是一个"大民族"产品,更是国际化的民族性。一个具有世界影响的品牌,应该是各民族文化的结晶,是国际化的民族性,更是国际化的"大民族"。可以明确地说,只要和艺术有关的创作,且是有作为的艺术家,就必然会遵循国际化的民族性,即"大民族"艺术之路。"艺术无国界"所概括的内容,也具有这层意思。

第四节 服装的时代风貌

时代风貌,指一定时期社会上普遍时兴的风气、习惯所形成的衣着表象。这在服装中反映明显,是服装文化的重要组成部分,也是现代服装得以快速发展的又一因素,更是服装文化表征的具体化。

每个时代都有其占主导地位的思想、观念、意识,它可能是宗教的或经济的,也可能是重大国务活动或为影视娱乐艺术性的,可能是保守的或激进的,等等,不管它是什么,来自何方,人们都可以从当时的服装中清晰地感受到它的存在和影响。可以说,人们的衣着状况从某个方面折射出时代的精神风尚和时代特征,是社会现象物化的忠实反映,并可简化为社会性、文化性和时尚性三大特征。

一、服装时代性的三大特征

(一)社会性

着装以全社会为对象,此言其服用范围较广泛,形成穿着的社会主流。新中国诞生之初,列宁装的时兴最具代表意义。这是中华民族战胜日本军国主义的侵略和解放战争的胜利结束,乃至新中国建设的展开,对于苏联所给予的帮助,国人怀有深深的敬意和不尽的感激,政府间密切交往,民间亦是往来不断,形成了一股颇具声势的"崇苏热"。人们对世界上第一个苏维埃社会主义国家,心向往之;对苏维埃的奠基者——列宁(图3-15),由衷崇敬,及至列宁的穿着形式,也成了人们仿效的对象。列宁装就变为人们追求时髦的象征,成了社会的时髦,进而演化为社会的时代风尚。同样,中山装、干部服等形成的穿着时尚,也是这种风气的产物,即社会意识之使然。从这个意义说,服装体现并左右了时代的文化品位,是某个时代社会政治、经济、文化、科学等的精神代言人。20世纪80年代,全国范围蓬勃兴起的"西服热",是服装社会性的典型代表。

(二)文化性

文化性是因某些文化元素促成某一穿着风格的广为时兴。这里,不妨解析一下20世纪末中式服装消费的悄

图3-15 苏联缔造者列宁形象

然升温,就不难发现当时文化精神和审美倾向对流行成势之影响,亦能加深对人们衣着追求的理解,当然,就更能把握时代脉搏。当年,人们物质丰富,可情感淡薄,精神压抑孤独,虽处现代社会,却离传统文化越来越远。而中式服装的蜡染、扎染、绸缎等面料,所蕴涵的东方韵味和神奇,中国红、华夏结洋溢着炽热的色彩情感,傣族短衣窄袖、裹身筒裙的婀娜多姿、维吾尔族小背心与宽袖连衣裙搭配出的热情奔放,汉民族掐腰斜襟小袄和蓬松曳地百褶长裙塑造出的大方端

正又娇小活泼等着装元素,是人们对传统文化美好追忆的向往与实践,是人们求新求美心理物化的新寄托,是衣着趋同化下求同存异之意趣的产物,亦是中华衣装文化的创新之举。这种文化的创新运用,是服装设计之精髓,应切实强化研究和列入实际操作之程序。

(三)时尚性

时尚性是形成于某一时段、受社会广泛追捧、效仿的穿着风尚。这是服装市场一波又一波流行风潮最重要的文化因素,也是最集中体现时代风貌之所在,范围较广。诸如影视、体育、乐坛等的活动,借着传媒的力量,往往形成穿着上的又一浪潮。英国莉莉·兰特丽,是个受人喜欢的漂亮演员,人们昵称她为"杰丝·莉莉"。由于她在演出时曾穿过一种运动衫和折叠式短裙,引起社会时尚人士的关注,以致各年龄段和不同体型的女性皆纷纷仿效,其势铺天盖地,一直刮到了美国,成就了那个时代的风尚。

我国也有同样的经典事例。20世纪八九十年代,上海有款针织面料极富弹性的踏脚裤(其他城市称休闲裤),从小女生到菜场老大妈,从女工到干部,无职业、场合、身材、年龄、身份之别(图3-16),衣橱里至少都备过一条。这是女同胞们首次以着装形式展示自身美感的集体行动。

图3-16 踏脚裤的穿着形象

二、服装时代性的思维导向

(一)专业倡导

专业人士的职务行为,如市场活动有时对时代风貌的形成具推波助澜之效。如羊毛衫是人们秋冬主要的、普通平常的衣着品种,20世纪50年代,在新生的共和国别有亮色(图3-17),可海外不受欢迎,它是邋遢风格的同义语,不为人所看好。但到了20世纪90年代初期,由于讲究简约风格的设计师,尤其是Prada推出开襟羊毛衫系列之后,这类产品很快就回到了流行舞台。紧接着珍珠果酱(Pearl Jam)和超脱(Nirvana)这类新浪潮乐团的歌迷歌友们的加入开襟羊毛衫的穿着队伍,旋使之成为最流行的商品,直至20世纪末。甚至有资料显示,当时的服装类杂志刊载的名人出席颁奖典礼或电影试映时,都穿着设计师马克·杰克伯斯(Marc Jacobs)或马修·威廉斯(Matthew Williams)所设计色彩缤纷且奇幻风格的羊毛衫。更有甚者,代表英国消费指标的英国零售物价指数(Retail Price Index,RPI),亦把开襟羊毛衫列为受欢迎的商品。至此,开襟羊毛衫不仅成了畅销商品,而且还取得了相当的社会地位。因为,能够列入英国RPI的商品,须有一定的需求水准,能够影响一般大众的消费趋势。[1]羊毛衫从而具有了时尚的光环。

[1] David Lewis, Darren Bridger. 新消费者心理学[M]. 陈琇玲,译. 台北:脸谱出版,2002.

图 3-17　20 世纪 50 年代,羊毛开衫成时尚之配装

（二）情绪影响

情绪影响指思想情绪方面的动态,也是造成时尚的动因。20 世纪 70 年代,男性服装流行蓝色牛仔裤、花格子衬衫、黑色高帮皮靴,女性以中性时装、露脐装、V 领毛衣、金光闪闪的珠片裙、松糕鞋为主。此为社会动荡和人心浮夸,精神风尚变化多端、狂躁不安的服装表征。至 20 世纪 80 年代,男男女女异想天开的超常装扮,如膝盖打洞和裤角拉边等现象的盛行,则是精神上的自我放纵和表现自由,即与前卫和非主流服装的相呼应。此为思想情绪躁动之所致。

至此可以说,服装体现时代文化,无论回首过去还是展望未来,都能体现出蕴含其中的时代故事。因为,每个时期的服装是每个时期社会经济、文化、道德、伦理、习惯和传统等诸多因素的总和。

三、服装时代性的科技保障

科学技术的进步,为服装的时代风貌提供了保障。这是现代服装的又一文化特征。每次的科技进步都对服装业具有巨大的助推力,或省时、省力、节能、保证质量,提高附加值,或为着装者增光添彩,或走向世界参与国际竞争,为国增光。科技与服装息息相关,主要体现在纺织材料、缝制设备这两大方面。

（一）纺材创新

科学技术的日益快速发展,直接推动了服装面料的扩展和更新。20 世纪,纺织新材料的相继问世,使服装业发生了极大的变化。从 1904 年人造纤维——黏胶纤维的诞生,到 1939 年美国杜邦公司的尼龙,之后德国开发的腈纶、英国涤纶等新颖纺材的问世,人们的衣着生活发生了巨大的变化。这些质地轻盈、柔软、流畅、悬垂等面料,极显服用性优势。这也促使设计师越来越趋向于以面料为主——面料决定裁剪、缝制和造型的审美的特征。20 世纪 80 年代起,服装设计便成了"面料运用"的智力竞赛,大有面料决定一切之势,谁握有面料,谁就赢得了市场。

至 20 世纪 90 年代,莱卡面料运用广泛,从贴身内衣到厚重的外衣、从运动装到时尚的套装等,既有绝妙的合体美,更展衣装的穿着美。而当时社会科学和人文主义思想,致力于美与健康强体的倡导,又使面料趋向新天然素材的开发,如甲壳素纤维、天然彩色丝、彩色棉等的相继研发成功,遂使绿色环保的审美意识得以实现。

进入21世纪,高新科技之于纺织业的改造就产业而言,以新纤维、新技术的运用为主,如大豆蛋白纤维、牛奶蛋白纤维、竹浆纤维等新型纤维产业化;以及就防紫外线、抗菌、阻燃等功能性纺织品的研发,以服务于消费者生活质量的改善,即在于诸多新功能纤维的开发。而智能服装的迅速发展,也带动了高技术纤维的开发和研制,使其成为今后纺织材料的又一拓展重点。

高新科技成果是纺织材料新品诞生的助推剂,而纺织高新成果也反过来辅助高科技项目的研究成功。如"神七"航天员的太空行走、"嫦娥"的顺利奔月,就是显例,其中亦凝聚着纺织新材料的巨大贡献。

(二)设备更新

缝制设备是随着社会的进步而发展的,服装的发展繁盛得科技之惠。1870英国人托马斯·赛特发明了单针单线链式缝纫机,替代了延续千百年的手工操作。1851年美国胜家公司开始销售缝纫机,扩大使用范围,惠及更多用户。1882年又出现了穿梭缝纫机,1890年托马斯和爱迪生发明了电动缝纫机,从而以速度和便捷开始了缝制设备的新纪元。之后,科技进步更为迅速,品种激增,多达4 000多种,除平缝、链缝、包缝等普通缝纫机外,更有众多新颖的专用缝纫机、多功能缝纫机以及装饰缝纫机等。可以说,服装机械品种繁多,功能和用途各异,整个行业前景灿烂。

特别是近年来,该领域又研制出许多新型服装机械,显示出设计、裁剪电脑化,缝制高速化、专用化、多功能化,粘合、整烫机械高效自动化,包装、仓储机械立体化、自动化,洗涤、保养及整理机械多样化、环保与节能化等特征。这就适应服装企业的多品种、小批量、短周期、高质量等市场细化的要求,从而更好地服务消费者。

因此,缝制设备与服装是个互有关联的行业。消费者对衣着时尚的追求,推动了服装业的发展,也对缝制设备提出了更高更新的要求;而研发新设备的功能和性能,又促进了服装生产效率和品质的提升。这是两大互为依存、互为发展的行业。即使在日常的衣着生活中,那些新颖、轻便、小型的家用花式设备,以其多样性的服饰技能之特长,为美化生活正发挥着积极作用,使人们的家庭衣饰审美(或美感)既得到了强化,又探索出一条变废为宝的新颖之道。

科学技术的日益发展,推进了面料的丰富多彩,为服装的丰富和充实开辟了一个全新的天地,并为人们的审美意识的更替提供了有力的物质保证。而服装设计师与医学家、工程技术人员的通力合作,有望造就一批特殊功能的保健服,从而为五光十色的服装世界又添新篇。2008年,中国"神七"宇航员出仓遨游太空的顺利进行,翟志刚所穿的宇航服就起了重要的科技保障作用。此举虽处特殊范围,但这是决定性的成功迈步。这就为将来中华儿女探索月球、开发宇宙空间,打开了极为重要的通路。

第四章

服装流行与社会时尚

　　流行,现代社会使用频率较高一个词汇,是引领时尚的风向标。服装流行作为其中最显著、最活跃的方面,受社会发展进程、需求心理因素的制约、影响,认识和把握流行规律、流行趋势等这些关键要素,是本章所要阐述的内容。

第一节　服装流行及其特征

服装流行是一种常见且复杂的社会现象,为美化生活所不可或缺,是社会繁荣、物质丰富的象征。把握服装流行规律,预测未来流行趋势,为服装设计、丰富衣着生活提供科学的流行参数。

一、服装流行

流行,既是热门词汇,更是一个老话题。它涉及的范围较广,且内容也很丰富,那么,它的含义是什么,又可以包括哪些行业,这是首先要认识的。

(一)流行及其范围

流行,英语为"Fashion",作"时髦、时尚"解释。它是一种在生活领域或文化领域占主导地位,但却转瞬即逝的特定审美文化现象。流行因存在时间短,引人注目,往往予人以新鲜感,为人们的生活增添乐趣。因此,流行事物的不断问世,引导人们追求新的流行,享受新的流行美,扩大人们的审美情趣。生活的各个领域,如音乐、装潢、家具、餐饮、语言等,都有"流行"在起主导作用。服装也是如此。流行服装尽管历史上有之,但直到20世纪工业化制衣方式出现之后,流行才真正发挥其作用。在国际社会中,巴黎一直是流行的中心。而我国则以流行色协会的成立为标志(1982年,国际流行色协会团体会员),1983年开始流行色的预测、预报工作,并出版专业杂志《流行色》,对企业的生产和人们的生活,发挥了多方面的积极作用。

(二)服装流行

服装作为流行最直接、最普遍、最鲜明的载体,它是某时期、某区域内由多数人接受、认可并实践而风行一时的着装倾向,它是社会文化在人们心灵引起冲动所造成的市场反应,也是造成服装流行的社会原因。社会稳定与否、经济发达与否、思想活跃与否等因素,都会对服装的流行产生影响。而那些在社会上能引起轰动或受人关注的事件,都可以成为引发流行的契机。美国"水门事件"的爆炸性和令人关切,不仅是尼克松总统的下台,还在于那位秘书小姐的衣着形式,也成了公众热议的焦点,因而人们对她的服装也产生了浓厚的兴趣。这是重大社会新闻成为流行的动因。

(三)流行与时尚

生活中人们往往把流行与时尚并列,似乎两者可以互通,是一回事。其实,两者有一定的联系,有相互关联之处,但又并不完全是一回事。时尚指的是人们的审美趋向,着重于心理的活动,是由心理萌发的在某时段一种对某人、某事的崇拜之情,或曰仅停留在心理阶段;流行是指人们审美趋向的具体显现,是以行动为标志的,是一种由内而外的动态结果。[1]具体而言,即是指对某一时尚服装的心理感觉的穿着行为。

须注意是,有种"另类"的着装法,也可称作游离于"正统时尚"之外的"边缘时尚",某种程度上说是最时尚的代表。《时髦的身体》一书解释道:"时尚——按照今天的说法,就是'符合潮流的'或'时新的'事物——总是区别于主流文化的东西。一旦被接受,它就不再是'不同的'或'时新的'。"[2]由此可知,时尚依赖于它的特异性与区别性,可与第一个吃螃蟹的人相类比。尽管

[1]　黄赞雄.服饰美学[M].北京:团结出版社,2005.8:59.
[2]　乔安妮·恩特维斯特尔.时髦的身体:时尚、衣着和现代社会理论[M].郜元宝,译.桂林:广西师范大学出版社,2005.

他们消费方式游移不定,但它的潜在市场是巨大的,是推动流行与时尚不可忽视的能量。"不在乎天长地久,只在乎曾经拥有",道出了这些人对穿着的基本态度。

二、流行特征

流行作为一种文化现象,是社会文明的产物,特别是现代社会,其流行更具时兴性、大众性、短暂性、周期性等特征。

(一) 时兴性

所谓时兴,即在一定时间和范围内,由部分社会成员兴起的某种时尚倾向。就服装而言,是面料、款式、图案、色彩等以时尚为核心元素的时新性,受社会普遍热捧,而掀起的穿着潮流。这种着装心态,也可称之为"标新立异",即不断否定、替代旧有的装束,以"新、奇、巧"为其追逐形式,并为之倾注极大热情。这是服装流行之所以能得以不断兴起的根本。

(二) 大众性

这是流行服装的外部特征,它是指服装穿着的社会普及面,是某服装能否流行的决定要素,即要有相当数量的人的接受和参与,它是流行服装对人员数量的要求,否则,流行无法形成(图4-1、图4-2)。

图4-1　新中国动漫电影奠基者之一王树忱先生,20世纪50年代与厂长签约时穿着中山装

图4-2　穿着中山装的毛泽东、周恩来等

（三）短暂性

作为流行服装，从产生、发展、过程较短，有时间性，当行至盛期，就会出现衰退、走向低谷、直至消失。这是由流行的时兴性所决定的。"风行一时"，可谓形象之说。

（四）周期性

当流行服装还处盛期时，受时尚快速变化之故，又一个新的流行正在酝酿之中。追逐流行的人们，对往日的流行失去了激情，把关注的目光投向了下一个流行，去寻找新的宠爱，从而推动新的流行的形成。这样的循环往复，就促进了流行的不断兴起、发生，使流行始终处于社会时尚的最前端。用"喜新厌旧"来揭示服装流行的周期性，怕是很恰当的。正是这种心理，才使服装业得以不断发展、永葆市场活力。

三、流行轨迹

研究表明，服装这个大千世界，尽管款式众多，千变万化，色彩缤纷，令人眼花缭乱，但也不是漫无边际、无章可循的，人们还是能从它们的变化上，辨出其演化之轨迹。归纳起来，大致可有古典式、浪漫式、轻便式、民族式这四大体系。分述如下：

（一）古典式

这类服装源自英国。英国自工业革命后，以奢华庄重著称的纯羊毛精粗纺毛织物为面料的新式服装，保持了古希腊简洁、高雅的风格，故称古典式服装。如无领羊毛衫和裙子套装、夏奈尔的套装、里外配套的针织运动衫和开襟羊毛衫的配套、20世纪30年代流行的露背式礼服，对后世影响很大（图4-3）。

这种风格的服装，以其巨大的艺术魅力令人留恋和怀念，并被冠以"怀旧感"不时在各国复兴（图4-4）。

图4-3 夏奈尔20世纪二三十年代奠定的刻意求精、讲究服用性的工艺原则，一直被延续着，赢得"永存之风"经典的美称

图4-4 饰有普京肖像的T恤

（二）浪漫式

与古典式同时流行。浪漫式服装的问世主要受艺术思潮的影响：一是 19 世纪初期抽象、空想、虚构的浪漫主义文艺思潮，二是中国古典绘画所追求的那种神奇、梦幻式的意境，两者的结合就构成了浪漫式服装。这类服装色彩装饰强烈，具有优美、轻柔、新奇、华贵的审美特征，西方又称之为"洛可可"式服装。但已远非当年的洛可可装可比，旨在强调服装对人体的装饰功能，即对服用者的美化，如褶裥领女服、披肩式女服、露肩式礼服、波浪式褶边领礼服（图 4-5）。

图 4-5　波希米亚（BOHEMIAN）风格的流行，进入 21 世纪，愈加盛行

图 4-6　正装中因加入运动元素而显轻松

（三）轻便式

20 世纪以来，骑马、网球、赛车等体育竞赛活动逐渐兴盛起来，尤其是近 30 年来，国际间的体育交往、竞赛日益频繁，遂使体育运动装大为引人注目，并派生出体美身健和英气勃发的轻便装系列，是运动装向生活休闲装延伸转化的产物，使服装形式更为丰富，亦便于人们抒发轻盈活泼的心理感受。轻便式服装对面料也是有要求的，多以具有轻快感的织物为主，色彩明快，视觉形象清新，使之与服装和谐映衬（图 4-6）。

（四）民族式

从不同国家、不同地区的风土人情和生活习俗中吸取灵感，是当今服装设计的又一主攻方向，是 20 世纪 70 年代以来国际服装流行的新潮。这些服装散发出的民俗情调和浓郁的异国风情及自然朴素的审美格调，令人油然而生向往和怀念之情。这几乎成了国际服装流行的一大主题。古埃及风格、地中海风情、大漠情思、中国元素等（图 4-7），不断见诸大师的发布中。

图4-7　具有传统民族元素的服装

（五）其他方式

　　另有其他方式概括的,如以服装外部轮廓造型进行划分的,有长方形、三角形(或梯形)和椭圆形(图4-8)等[1],有着重设计主题(内涵)的,有从观赏角度出发的,等等。其实,在现实的流行世界中,它们总是交错、交替出现,以一为主、占优势地位,其他为辅,充当配角。这样,随流行趋势的变化而各自轮换位置,形成流行周期。随着生活水平的不断提高,随着各国间交往的频繁、深入和信息传播的加速,服装流行的速度也更为加快。进入20世纪以来,服装流行的周期也越来越短。这在女裙上表现得尤为明显。仅以20世纪六七十年代为例,列表如下:

图4-8　服装外部轮廓造型的划分

---

[1]　特·弗·科兹洛娃,等.服装设计基础[M].朱钰敏,程启译.北京:纺织工业出版社,1987.

20世纪六七十年代女裙的发展

年　代	裙　式	特　点
1964	迷你裙（即超短裙）	离膝盖四寸，有时七寸
1973	密实（褶）裙、牛仔裙	变长晚装的华丽而趋随意
1976	密褶时装	套装衫裙、褶饰，风格优雅
1977—1978	重叠装	不同长度的衫、裙、背心等逐层累叠组合
	开衩裙	简单大方、精致考究
1979	复古装	源自20世纪30年代用薄垫肩、合身收腰的服装，突出女性的窈窕之美

须说明的是，20世纪60年代（也有说1966年）迷你裙（图4-9）一经问世，就在以后的岁月里，一再翻新上演，成为女性的绝对宠爱。据此可知，裙装流行周期已大为缩短，几乎是一年一变，裙子的长度变化勾画出了裙子流行周期的曲线图，如图4-10所示。

图4-9　20世纪60年代超级迷你裙

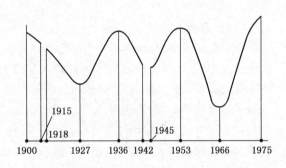

图4-10　裙子流行周期曲线图

这表明，生活水平与服装流行成正比：生活水平高，流行周期就快而短；生活水平低，流行周期就慢而长。且裙之长、短，还反映出社会经济运行的顺利与否。裙摆趋长，即是经济"寒潮"到来的迹象，预示经济发展即将遭遇困境。研究这一现象，将有助于把握流行规律，并有效地指导服装设计，从而更好地引导消费新潮流。

第二节　服装流行的社会因素

前面在讲述服装审美的心理导向时，曾谈到流行心理的因素，但只是偏重穿着这个角度来发掘心理导向，即心理导向与服装审美（穿着）的关系，其中确具有流行的因素。不过，这还不是流行的全部内容。所谓服装的流行,实质上是在某种社会环境下,消费者个性的汇集和综合,大体可归纳为重大事件、影视作品、体育赛事、明星装扮、时尚活动等。下面略作介绍。

一、重大事件

一般来说,对社会影响大的事件,称之为重大事件。它可以分政治的、经济的、新闻的、军事的、外交的等,因其具有轰动性和辐射力,所以对服装流行有着直接影响作用。

(一)外交成果

由于历史的原因,中东地区纷争不断,多有争斗爆发,所以和平就显得特别重要,民众期盼殷殷。以色列和巴勒斯坦经过多年的谈判,1993 年 9 月 13 日,终于签署了和平协议,拉宾和阿拉法特历史性的握手,深得有识之士和广大百姓的欢迎。到了 1998 年,世界小姐大赛在日本举行时,以色列参赛选手还以两人历史性握手为图案背景的衫裙亮相,以作纪念(图 4-11),可见民间对和平的期盼和向往之情。

(二)首脑言行

服装色彩也会受此影响。1988 年,菲律宾服装市场上曾盛行黄颜色,其原因就是阿基诺夫人以黄色作为哀悼丈夫之灵,并象征自己的主张和崇尚之色,从而使大量追随者对黄颜色产生偏爱。有趣的是,某些重要人物一时的愤急之语,也会成为流行的催生剂。委内瑞拉前总统乌戈·查韦斯经常语出惊人,

图 4-11 1998 年,举行于日本的世界小姐大赛,以色列参赛选手,以拉宾和阿拉法特两人历史性握手为图案背景的衫裙亮相 新华社记者 陈建力供图

西班牙国王胡安·卡洛斯一世也被其激怒过,而后者一句怒喝"闭嘴"的反击(图 4-12),竟在不到 10 日内催生了西班牙数百万美元的商机。其中有家经营 T 恤衫的小公司,以往一年仅售 800 件 T 恤衫。可此事发生后的一周内,该公司就接到 1 000 多份要求购买印有"闭嘴"字样 T 恤衫的订单。

图 4-12 西班牙国王被激怒,冲着查韦斯大吼"闭嘴"

（三）国际盛会

2001 年亚太经合组织（Asia-Pacific Economic Cooperation，APEC）会议在中国上海举办，这是中国社会经济政治方面的一件大事，按惯例所拍之"全家福"，引发的"华服"、"唐装"的热销，就是个很典型的例子（图 4-13）。2008 年北京奥运会的盛大举办，时尚元素辐射世界，也很具说服力。当时纽约春夏时装周亮点闪烁，不管是老将还是新人，T 台上洋溢着欢快喜庆的中国红，以及不同色度的红色系。有的 T 台背景板甚至全是大面积的中国红。至 2010 年上海世界博览会的完美落幕，更把中国红推到了一个新的高度。著名设计师的作品多有较强烈的反映。可见重大事件对新款服装推出的引导作用和影响力。随着 2014 北京 APEC 会议的圆满落幕，相信对中国传统元素的借鉴创新，亦同样具有促进作用。

图 4-13　唐装华服的流行,吸引了外国使节夫人一秀为乐

二、影视作品

自国门打开，外部世界的精神文化也和物质文化一起向我们涌来，使我们这个封闭多年的国度一下子从板滞、沉闷的环境中复苏过来，人们瞪着惊奇的眼光注视着外来的一切文化，其中作为艺术的电影、电视应该是影响最直接的，而服装也藉此得到了发展。

（一）影视催生新款

就我国而论,20 世纪 80 年代每部影视剧的推出,几乎都会掀起一股不小的影视人物服饰热。从日本的电视剧《姿三四郎》《排球女将》到美国的《第一滴血》,都有不少脱胎于主人公的服装相继问世,如"高子衫""光普衫""兰波衫"等。这类服装广受市场的欢迎,主要在于人们关注剧中人物的命运。如《姿三四郎》中的高子小姐,她那曲折坎坷的经历,令观众心悬,故而爱屋及乌。她身穿长式连衫裙,带有古典意味,上窄下宽,然肩部略有小饰,且领边较宽,开口略深,这充分显示了高子的心气较高,虽位处平民,却自有不凡的风度。如此的外在穿着,自会被我国青年"借用"。放眼国际更是如此。影视作品推动了服装的流行。《加勒比海盗》中充满浪漫主义色彩的波西米亚服装,成了人们的热捧;《头文字 D》使休闲赛车手服又成市场新宠;《史密斯行动》则掀经典黑色小礼服的魅力风潮。之后,《购物狂》《谍中谍Ⅲ》《达芬奇密码》等片中的服装很快涌上街头;而影片《艺妓回忆录》《加勒比海盗Ⅱ》中奢华、浪漫主义的服饰风格,也成为服装界的宠儿。

（二）功能服装受宠

服装的功能得到了充分的肯定。这是指影片中主人公服装的功能为社会所认可，并依式仿制。美国电影《第一滴血》中的兰波是越南战争的幸存者，作为一名特种部队的士兵，身怀绝技，往往绝处逢生，化险为夷，有着惊人的毅力，绝大多数观众对他都怀有深深的敬意，佩服他的过人之勇。出于对这位孤胆英雄的崇敬而触发的设计灵感，使"兰波衫"得以问世。该服的不同袋饰，正是大英雄绝处逢生的工具。这促使设计师和市场研究者共同导演了兰波服装的出台，即多袋式服装的问世。兰波衫袋式造型的别致，特别是臂袋的开设，使视觉形象的新鲜度马上得以提高。因为我国服装袋式从无此例，从而调节了人们的视觉观感，是对传统板滞袋式结构的一种改革。

（三）青春剧的感染

《绯闻女孩》的播映所掀起的紧窄短翘的风潮（图4-14），连25岁到34岁的人们也深受感染。《绯闻女孩》改编自赛希利·范齐格萨的同名小说系列。剧中主人公就读的康士坦茨私立学校，原型是作者1988年毕业的南丁格尔·班佛女校。小说从2002年开始陆续出版，用一种浮夸的方式描写了新生代的堕落，并将许多青少年问题悄悄融入其中。同时，小说还敏感地抓住了最高端的时尚趋势，书中刻满了"有人将iPod接上赛雷娜的立体声音响，北极猴子的新专辑顿时弥漫在空气中"这样赤裸裸的时代印记。

图4-14　穿着紧窄短翘的青年男女

的确，影视作品对服装流行的影响力是显而易见的。然而仅限于服装恐怕还不够。2008年1月29日，风靡20世纪80年代的日本电视剧《排球女将》中小鹿纯子的扮演者荒木由美子，作客上海《星梦奇缘30年》。当问到日剧在中国为何成功时，她未作正面回答，却说："《排球女将》带来的精神动力，曾让一个因车祸而骨折的日本小男孩再次站立起来。现在的电视剧主角都很漂亮，故事也充满感情，但是我想电视剧和演员长盛不衰的影响力，应该源自那些超越漂亮的东西。"这样理解也是很有道理的。

三、体育赛事

由于体育赛事的频繁和影响的全球性及健身热的不断升温，人们对体育健儿的着装产生了

浓厚的兴趣,并引发成一股颇大的体育服的穿着潮流,以致催生新风格服装的问世。这是因为:

(一)标识"移植"

大型的体育竞赛往往能激发人们强烈的民族意识和爱国热情,转而健身强国的意识随着体育赛事的发展而不断高涨。比如某次体育竞技活动的会徽或标记,皆可成为人们欣赏追逐的最佳目标。1984年7月29日,我国运动员许海峰在洛杉矶奥运会上举枪夺魁,以566环的成绩夺得射击自选手枪男子50米手枪60发慢射金牌。正是这块金牌打破了中国奥运会金牌"零"的纪录,载入中国奥运史册。消息传出,国人振奋、雀跃,借以穿着带有该标记的服装为荣耀(图4-15)。其他如运动服的镶条、嵌线、拼色等工艺手段,也被普通服装所看重,致使衣装类别发生重大突破,款式新颖别致,极大地丰富了百姓的衣着生活。

(二)形态"移用"

这基于体育运动服本身的特点。出于运动竞技的需要,这类服装造型简洁利落,少有辅助性装饰;色彩组合简单醒目,能给人以精神、年轻、矫健等感觉,因而,不少人将此类运动服引为自身之装,实在是给自己加分添彩。其服用对象早已超出体坛健儿的范围。如"网球衫"成了夏季的"热门货",曾风行的滑雪衫、太空衫、击剑衫等,原本都是运动服(分别是登山服、击剑服)。同样,在体育竞赛的

图4-15 许海峰夺得我国首块奥运金牌后,所穿鲜亮的红中呈黄的领奖服,闪亮世界,为国家赢得荣誉。这也为后来中国红的正式亮相奠定了基础

激励下,社会上形成了一批为数不小的拥趸,似今之"粉丝",他们以相似的衣装加身,成为颇为壮观的赛场景观。每逢重大的体育赛事,必然会在服装上留下鲜明的印记。

(三)运动时装

这里的时装是指含有运动元素的服装。它是体育竞赛的副产品,适合各层次的穿着对象的需要,且不受场合、环境的约束,故颇受社会各方人士的普遍欢迎,并且不断向着外衣化、时装化的方向发展。至今已开发为运动休闲装,可见运动服文化的扩张力度。一些著名运动员退役后全身心投入体育产业。如球星乔丹和体操王子李宁等体育界的名人,离开赛场后从事体育服装服饰业,之所以相当有市场,道理也缘于此。中华全国商业信息中心的统计显示,2012年运动类品牌前十位市场综合占有率合计为64%,可见人们对运动服装的喜爱。

四、明星装扮

某款服装因穿着对象的社会地位高且影响广泛,而引起的穿着轰动,俗称名人、明星效应。1961年1月20日,是美国服装史值得记载的日子,而对杰奎琳·肯尼迪来说更是终身难忘的。这一天,她作为美国历史上最年轻的第一夫人,参加她丈夫约翰·肯尼迪总统就职典礼所穿的服装就导致了美国服装流行的一次大轰动。当她足登高筒女靴、身着配有深褐色衣领和皮手笼的朱色羊毛外衣,雍容华贵地出现在白宫检阅台时,顿时光彩照人。特别是那顶朱色圆筒形女帽,尤其受美国女士的喜爱,模仿者趋之若鹜,一时形成潮流,从而也奠定了杰奎琳在服装界的

地位(图4-16)。此后很长一段时期她始终处于美国女装的领导地位,而她的玉照也一直占据着欧美女性杂志的封面,可见她的影响之大。

图4-16　杰奎琳·肯尼迪的穿着永远是优雅的代表

　　20年后,那位人称"害羞的黛",即英国王储妃黛安娜也在大洋彼岸刮起了一股服装流行的浪潮。那是1981年初春,刚与王子查尔斯订婚的黛安娜公开露面于歌德斯密斯娱乐厅时所穿的服装就引起了极大的轰动。那是一件暴露而性感的黑色塔夫绸袒胸晚礼服,显示她作为新一代王室成员不拘传统的思想意识。然在英国服装史上更为精彩的一幕是,她与查尔斯王子在伦敦圣保罗教堂举行婚礼时的着装——象牙色礼服,质地轻薄,是英国本土出产的丝绸,上面镶着珍珠和金属小圆片,领口四周饰有起褶的花边,并有蝴蝶结陪饰(图4-17),突出视觉重心。这时的黛安娜光华四射,简直成了童话中美丽的公主,连当局也不得不取消了不准报道礼服式样的禁令,让大家都来分享这举世瞩目的礼服的光彩。通过新闻的传播,黛安娜这身奇妙的礼服迅速传往世界各地,一些服装公司看准了这款礼服在人们心理上所引起的强烈震动,就立即行动起来,夜以继日地进行赶制,以便第二天就能与顾客见面,从而满足人们强烈的好奇心。

图4-17　黛安娜与查尔斯王子在伦敦圣保罗教堂举行婚礼时的着装,光华四射,她简直成了童话中美丽的公主,这堪称英国服装史上最为精彩的一幕

　　奥斯卡颁奖盛典亦为全球时尚界所关注,其著名奖项得主之礼服,亦有专门克隆者,以满足

社会相关人士的仰慕之情。这些人物在服装流行中之所以有如此大的作用,主要有四个原因:①名人的所作所为引人注目,极易成为他人模仿的对象,这就是服装心理学——"注意"这一原则在实际生活中的具体运用;②名人财力雄厚,不断更换新装,始终处于时尚的领先地位;③名人大多审美能力极强,穿着既高雅又富有个性;都能以独特的服饰,来突出自己异于他人的穿着风格;④名人的服装虽档次较高,但也具较强的实用性,好似家常服装,使人有亲切感,因而具有较广的社会适应性,进而引起社会流行。

第三节　服装流行的心理因素

在生活中,人们对事物的好恶、赞美与贬斥等,除了事物本身的客观因素之外,人们的心理因素往往占据了一个很重要的位置。人们对服装的选择也是如此,即受心理活动的支配,服装亦如此。

一、心理中介

服装的心理因素包括服装流行、服装生产、服装销售等,这就是感知、想象、情感、理解等心理要素,它们是构成审美经验的理性导入和中介。

(一) 感知

感知包括简单的感觉和复杂的知觉。先讲感觉。人们在生活中必定会与周围世界发生感性的和自然的直接联系,如观看、倾听、品尝和触摸物品,由这种渠道得到的印象,就是感觉,是构成理解、想象和情感等心理活动的基础。然仅此是不够的。经验告诉我们,人们对某个色彩、某块面料进行感受时,会毫不费力甚至不加思索就可以体会到某种愉快的感受。这种感觉不是来自对象的色彩、质地所组成的形式及由其表达的意味和思想,而是来自单个的色彩和质地本身的感觉。这虽属于生理上的,但它却是审美经验的基础和出发点。美学家桑塔耶纳指出:"假如希腊巴特隆神庙不是大理石的,皇冠不是金的,星星不发光,大海无声息,那还有什么美呢?"[1]

这是初级生理感受的重要作用。以此看服装,它给人的初级生理感觉是服装的视觉形象,如服装的造型、线条(曲直、圆弧等)、体积(大、小等)、色彩(冷暖、明暗、对比、色相等)、图案(具象、抽象等)等,这些感受都是依据视觉来完成的。还有赖于手的触摸,即手感的厚薄、柔软、滑爽、粗糙等,及其穿着时的体感(也称触觉)与舒适状况,这是组成感觉服装的大部分。视觉和触觉的结合就是服装感知的阶段,这时的感觉还只是停留在对服装个别特征的感受,是局部的印象,若要对服装整体把握,那就必须进入另一个审美的阶段,即复杂的知觉。

所谓知觉就是对事物各个不同特征即局部组成的整体形象的把握,并依此对其所蕴含的情

---

[1]　桑塔耶纳.美感[M].北京:中国社会科学出版社,1983.

感表现作出合乎对象的判定。之于进入知觉阶段，就是把上述局部的、个别的现象经过综合而得出的判断（即何种服装），即是人们的想象、情感和理解等因素的凝结。只有透过服装组合形式达到对其情感表现性的认识，才是服装审美知觉，即主观感受的萌发，个人情感的流露。这就是服装的审美感觉和知觉在服装审美中的重要地位。意大利服装大师阿玛尼就是这样，对每一个细节都不轻易放过，他会几个小时专心致志地上领、缝袖等，即从感觉到知觉的转移。他之所以如此认真，那是由于他深知这种局部的细节在审美（感知）中的重要。

（二）想象

想象是服装审美的第二个重要步骤。它大体包括知觉想象和创造性想象。所谓知觉想象是一般审美活动中出现的情形，即不能脱离眼前具体的对象。所谓创造性想象是艺术家进行创作时所运用的一种较高层次的想象，它是对记忆中存储的种种信息经回忆而重新创造的想象，即可以脱离眼前的事物进行再创性想象。当从荧屏上见到手持武装带的"文革形象"，人们很自然地就想到那个非常的岁月。武装带、绿军装、黄挎包是军人的用品，但在那个时代却成了革命的象征，其中已赋予特定的社会涵义。这是由特定的社会环境和特定的心理状态所共同创造的特定情感。这特定的情感调动了记忆中的某个"部门"的生活积累，当与眼前似曾相识的情景（武装带、绿军装、黄挎包）交融为一体时，便幻化出那个年代的生活场景。这里，想象并没有脱离眼前的知觉对象，并且在某些地方与当年的生活相接近或相似。这就是服装知觉想象的特点。

因一件小事的触动而引起众多的想象，并在此基础上生发出全新的形象，这就是创造性想象。创造性想象的基础或特征，就是丰富的积累，艺术史的发展已充分证明了这一点。服装也是如此。这在服装设计中是普遍存在的。大师们都能从平凡的生活现象中萌发较大的设计构思，从而为服装界打开新的天地。

但是，光凭生活积累，大脑存储的信息再多、再丰富，也是难以进行全新的、有影响的创造的，其关键还必须有情感的中介作为动力。新创作的作品与情感本身，即艺术家本身的情感模式的构成有很大的关系。同一生活素材在不同的艺术家手中会有不同的理解，进而产生各种作品，其原因之一就是情感的因素左右着作品的倾向，从而为想象进入审美世界而插上翅膀。

（三）情感

服装审美的情感因素是整个审美过程中最为活跃的因素，它广泛地渗透到审美心理的各部分，并互为交织，充满浓厚的情感色彩，是诱发其心理因素的动力，也是其运动形式的最终表现方式。

人们在与社会、自然的接触中，就形成了对客观事物的各种观感，并表现出各种不同的态度。这些不同的观感和评价，若取肯定的态度，就会产生满意、喜悦、舒畅等内心体验；反之，就会生出反感、悲哀、忧愤等内心体验，这就是人们所说的情感，它具有主观性和生理性。前者是指个人的评价，而后者因内部生理因素的某些变化往往导致外部的表现和形体动作的变化。如生活中常见的惊慌失措、手舞足蹈等现象，就是主体内心生理变化伴随的情感生发。这也是审美情感所具有的愉悦性的基础。

这表明，情感是一种动力性的因素，它是推动审美发展的重要因素。故历来受到美学家和艺术家的重视。那句"登山则情满于山，观海则意溢于海"名言，就是对情感作用的形象概括。

西方经验派美学家鲍桑葵和桑塔耶纳把这种审美情感称为"第三性质"[1]。所谓第一性质是以对象的大小数量、厚薄等客观物质性质,第二性质是对象的色彩、声音、味觉等。而第三性质,即情感性质。我们见红色的火焰就产生愉快的情感,而见灰暗的天空,则情感阴郁沉闷。这些情感完全是人们(即主体)根据过去的经验而进行的联想,其实,离开人们的情感作用,自然界中的山石虫鱼等一切物质都是"死"的。

于此可知,情感是构成艺术的重要因素,没有情感便没有艺术。服装作为介于艺术与技术交叉的一门学科,是如何体现情感的呢? 在传统意识中,婚娶典礼之服装崭新整齐,色彩鲜艳,人们便会产生一种喜气洋洋的审美情感;若见披麻戴孝或穿黑色丧服者,则悲哀痛悼之情油然而生。个人情感经验在服装欣赏中是很重要的。欣赏者可以同艺术家一起,爱其所爱,憎其所憎;也可以同作品中的主人公一起,哀其所哀,乐其所乐,甚至达到如痴如醉的程度。这是一种心灵相融,"由此及彼"的情感。

(四) 理解

理解也叫思维,是指对客观事物的理性思考和认识,但这种理性的认识不同于理论上的概念、判断、推理等思维形式,它与感觉、知觉、想象等心理要素一样,都是源自感性认识基础上对客观事物的反映,即审美的本质,是审美活动中不可缺少的一种心理要素。黑格尔把这心理过程称之为"充满敏感的观照""感性直接观照"[2]。黑格尔揭示了审美理解寓于感性直观的思维特点,即始终不脱离形象性。王朝闻也认为"审美活动中的思维,正如其他心理因素一样……在于它始终不脱离感性具体性的形象,始终伴随着与形象密切相关的情感活动。没有特定形象,引不起特定情感的波动,那就只能说是一般的思维活动而不属于形象思维的审美活动"[3]。这时的思维充满多义性,无明显的阶段性。因此,审美理解是对事物本质的认识,是一种区别于感官快适的精神的愉悦和理智的满足,即一种艺术活动。[4]

如何通过"感性直接观照"达到对事物本质的理解呢? 这主要是从对象的形式中所融合的意味的直观性把握。钱钟书在《谈艺录》中说:"理之在诗,如水中盐、花中蜜,体匿性存,无痕无味,现相无相,立说无说"[5]。这里,意味之于形式,即如盐溶解于水,虽不露痕迹,但盐味尚在。就服装审美理解而论,排除服装的物质材料,就其构成的形式进行讨论,是可以有多方面的理解的。从对服装风格进行分类就可得到多种理解。如以地域特征概括就有波斯风格、墨西哥风格、中国风格等;再以艺术特征概括就有哥特风格、巴洛克风格、洛可可风格、超现实主义风格、波普风格等。还可以从文化群体、人的气质、服装造型等方面加以探讨。这各种不同的风格都可以引起不同的思考,从而对某种服装真正达到审美的理解。此外,服装造型的形式要素、色彩、装饰等,也是服装审美"理解"所必需的过程。

以上所述心理要素的活动规律及其审美作用,纯粹是为了行文的方便。其实,在审美过程中,各要素之间都是相互配合进行的。人们对某款服装进行观照评价时,大多是感觉、知觉、想象、情感和理解等因素共同发挥作用的,而不是分层次、分阶段的,它们是相互渗透、相互作用的

[1] 滕守尧.审美心理描述[M].北京:中国社会科学出版社,1985.
[2] 黑格尔.美学(一)[M].朱光潜,译.北京:商务印书馆,1979.
[3] 王朝闻.审美谈[M].北京:人民出版社,1984.
[4] 苏珊·朗格.艺术问题[M].滕守尧,等译.北京:中国社会科学出版社,1983.
[5] 钱钟书.谈艺录[M].香港:香港国光书局,1979.

综合结果。这些要素的谁前谁后，没有必要一一搞清。它们之间相互依赖，互为基础，共同担当起审美的重任。

二、从众心理

现代人之着装，大多会找有关人士进行咨询探讨一番，诸如下季或眼下衣装时行之行情、搭配上有何要领，等等，借此为自身的装扮提前做些"功课"，以紧跟时尚发展之趋势。此种心态，人们往往称之为"随大流"。从服装流行的角度说，就是从众心理。

（一）从众定义

从众的含义是什么，该如何定义，尽管大家都在说，甚至都在行动，那只是感性上盲目的跟从。综合各家的研究成果，从众的含义应该是基于信息和规范的影响，个人采纳群体言行并被认可的一种倾向，属社会心理学范畴。

作为社会成员的每个人，其言行必然受法规的制约，就连生活中衣着那样的日常小事，虽无一定之规，更没法律条文限制，可身处某个环境，其穿戴与周围相抵触、相背离时，他必定会遭致责难、冷眼，而从精神到心理感到一种看不见的无形压力，即个人背离了群体的规范，遭到群体压力。这是指群体成员共同的穿着指归和衣着态度，它虽由个人态度构成，但却制约着群体的衣着倾向；它虽不具有成文法规的权威，可是从心理上对个体进行掌控，使你不得不放弃原本的着装态度，而服从群体大多数人的共同行为。这就是服装的从众心理。究其原因，只要在社会时尚、群体氛围、环境暗示、舆论倾向等因素的作用下，个体心目中实际存在、或头脑中假设存在、群体压力所导致。

（二）服饰感情

穿衣戴帽各有所好，这个"好"字，就是着装个人的爱好、喜好，是情感的自然流露。这就是"服饰感情"，并由此发展为"群体服饰感情"。它是维系服装从众的重要因素——以感情为纽带。因为每个人的着装主张并不相同，是在群体压力下，才趋向一致的。

服装从众行为，在生活中很普遍，也是造成服装流行的重大心理推动力。改革开放之初，我国城乡各地到处时兴穿西装，显示了国人对西方服饰文化的推崇，而女性的黄裙子、红裙子等，一波又一波地不断轮番上场，显示了她们对美的追求、渴望的那种本能。所以，很好地把握人们的从众心理，会有助于造成服装流行的崭新潮流。一款脱胎于唐代的小襦衣，从 2005 年秋一经问世（图 4-18），受从众心理的驱使，迅速受宠市场，梭织、针织、皮革等不同材质相继跟进，极大地丰富了服装市场，更成功地点缀、衬托了女性的装饰之美。

图 4-18　具有唐代襦衣风格的衣装

三、消费心理

人们的消费心理是多种多样的。可以因人因地而异，也可以因职业因年龄而异，还可以因修养因民族而异,以及不同的文化背景等,这些都可以在服装消费者的心理上留下深刻的印记,也都是需要认真研究的。

(一) 个性特征

个性(PERSONALITY),也称"人格",源自古希腊文 PERSONA(面具),指戴着面具表演戏剧中不同角色的典型人物。这是心理学中一个重要的概念,各家立论相当多,限于篇幅,并不详举。大体而言,个性(人格)是指个体在社会环境中形成的、不同于他人的身心质素(心理特征)的总和,诸如兴趣、态度、动机、能力、性格、气质等,具有整合性、倾向性、稳定性。

随着消费者审美水平的普遍提高,人们变得越来越讲究自身个性的体现。这就是研究消费者个性特征的必要性。心理学指出,个性心理特征是长期的社会(生活)实践中形成的,每个人都是作为个体而存在的,一切心理过程也总是在具体的个性中进行的,它既具有一般心理过程,又带有各自鲜明的个性。每个人的心理各不相同,这就是每个人的能力、性格、气质截然不同的原因。能力是指一个人的智力、知识和技能,即每个人完成某项任务所必需,并直接影响效率的、表现在认识客观事物方面的心理特征。性格是一个人对现实的较为稳定的态度和与之相应的习惯化了的行为方式。它原是希腊语,是"特色""记号""特征"的意思,是构成个性的重要方面,是一个人个性中具有核心意义的心理特征。

气质,就是日常生活中所说的"脾气""性情",是一种存在于个人天生的、相当稳定的独特的个性心理特点,它是人的高级神经活动在人的行为上的表现。根据俄国著名生理学家巴甫洛夫的研究,发现人类可以分为四种不同的神经类型,即兴奋型、活泼型、安静型和抑制型。而这四种基本的高级神经活动类型所体现的心理特点,分别相当于胆汁质、多血质、粘液质、抑郁质这四种气质。他们在整个心理活动中,所染上的个人独特的色彩,即个性色彩形成了不同的消费行为。研究表明,大致有习惯性、理智型、经济型、冲动型、情感性和年轻型等六种[1],并与上述四种气质互有关联,试归纳列表如下:

神经类型	气　质	消　费　行　为
兴奋型	胆汁质	冲动型、年轻型
活泼型	多血质	经济型、情感性、年轻型
安静型	粘液质	习惯性、理智型、年轻型
抑制型	抑郁质	习惯性、经济型、年轻型

上表中的年轻型是一个值得重视的消费群体,他们在服装潮流中举足轻重。他们在人生的自我陶醉和恋爱的两个时期,最注意装束打扮,不考虑舒适和需要,一味追求时髦,以满足个人的欲望,意在强化个性和个人的外观魅力。[2] 其中还有些人注重个人,独立自主,"他们愿意参与,也具有消费相关问题的知识,在日渐增多的小众又分裂的市场中,他们已经扮演相当重要的角色。"[3] 其购物已不再把焦点放在"需求"(Need)上,而是注重自己"想要"(Want)买什么,会

---

[1]　李植权.商业心理学[M].武汉:湖北科技出版社,1986.

[2]　E·赫洛克.服装心理学[M].吕逸华,译.北京:纺织工业出版社,1986.

[3]　David Lewis, Darren Bridger.新消费者心理学[M].台北:脸谱出版,2002.

注意的是(目的是)能让自己生活更快乐、更富足、更有价值的机会和经验。而服装设计师和生产者就必须充分了解青年人这一着装的个性心理特点,尽可能地去迎合和满足他们这一时期的需要。大而言之,就是如何依据这四种类型的特点,做好设计工作,引导市场发展。

(二)需求特征

恩格斯指出:"推动人去从事活动的一切,都要通过人的头脑,甚至吃喝也是由于通过头脑感觉到的饥渴引起的,并且是由于同样通过头脑感觉到的饱足而停止"[1]。这就是说,需求是人类从事一切活动的基本动力,它通常以愿望、意向的形式表现出来。然而,众多的消费者的愿望和意向是并不一致的,千差万别,且有层次高低之分。这就是服装消费的层次性。1954年,美国心理学家马斯洛(A·H·Maslow)对人们的需要进行研究后提出五个层次,这是一个由低向高发展的阶梯层级,如图4-19所示。

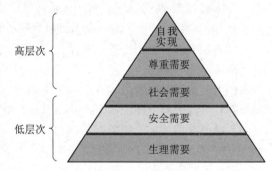

图4-19 人类的五个层次需要

这个层次需求图说明了一个基本道理,人们的需求总是从低向高发展的,并且是相互依赖和相互重叠的。当高层次的需求得到满足之后,低层次的需求还将继续存在,它仍然是人们消费的存在形式,向更高层次的追求也永远不会停止。这一消费层次与上文所述四种气质下的六种消费行为的主要精神是相通的。下面就服装简略叙述一下这五个层次的消费状态。

大家知道,服装最基本的功能就是满足人们的御寒保暖、免遭伤害,这就是上图所示的生理需求和安全需求。当人们在进行交往时,不管范围的大小,都希望得到别人的重视,从外表说,即借服装的衬托以显示自己的与众不同,以引起对方的注意。这就是交际需求。当借服装表示自己的社会地位和自我表示并希冀得到别人的尊重时,服装的自尊需求就发挥了作用。然而,当这四个层次都获得了一定程度的满足后,消费者的需求欲望就会催促他去追求更高一个层次的需求,以实现最大限度地发挥服装的功用,即自我实现需求。其实,五个层次的需求的前两项是基本需求,后三项为发展需求和自我实现需求。民间俗语"衣食足而知荣辱",是我国需求层次论的具体形象的高度概括。"衣食"乃基本需求,"知荣辱"为发展以后的需求。这同样分别阐述了马斯洛的前两项和后三项。

人们的消费需求特征除上述层次性之外,还具有无限性。因为人们的需求是没有止境的,一种需求得到了满足,另一种新的需求欲望又会紧跟而来。况且,人们的需求总是遵循由少到多,由单一功能到多功能、由老式到新颖、由粗陋到精细、由低级到高级这么一个模式。人们对服装的需求也是如此。过去的"一衣多季",而如今的"一季多衣",就是这种无限性的形象表述。

(三)消费动机

为了进一步指导市场,对消费动机还有研究的必要。从心理学一般原理的角度分析,它应与求实动机、求美动机、好胜动机等消费心理因素相关联。其中的道理浅显明白,故略而不论。

---

[1] 马克思,恩格斯.马克思恩格斯选集(第74卷)[M].北京:人民出版社,1972:228.

生活中人们的消费动机并不是单一的、绝对的、固定不变的,它们往往是相互转化的。如青年女性在挑选服装时,一般以求美动机为上,要求服装款式时新,但是,如果价格过高且本人经济状态又不太宽裕,那么,只能转而求其实(价廉)。此时,占上风的是求实心理动机。这也是挑选服装的大多数消费者的普遍心理,由求美开始转而求实而结束,这是一般的消费者的心理过程。同时,每一个消费者在不同的场合所担任的消费角色也是不一样的,极易产生消费差异,即角色多重性所出现的消费差异。若再从年龄、性别这个角度进行分类,还可以分为女性、男性、婴幼儿、少年儿童、青年、中年、老年等消费层次,这是服装设计者和经营者所着力考虑的。

研究服装消费心理特征,还应与社会、文化、经济、政治等因素相联系。这已涉及流行的形式问题,也即类型和规律。服装世界缤纷万象,流行更像万花筒,稍不留神,新的花样就在眼前。同事物发展都有规律一样,服装流行虽纷繁一片,可也是有规律可寻的。研究发现,它经酝酿、萌发、兴起、高潮、衰退这一过程,可发现它的偶发型、象征型、引导型(从其形成途径、流行态势概括)以及稳定性、一过性、交杂性(从其演变结果、流行周期考察)[1]。简单而言,亦可概括为自上而下、由下而上、点面扩散等几大类型。

第四节　服装流行趋势展望

一、门类品种功能多

21世纪是个社会高速发展的时代,高新技术成果大量运用于服装领域,使"无缝西装""粘合衬衫"等可望面世,给时装以全新的面貌。服装的功能更具人性化,而各种新颖面料的不断问世,更是加速了功能性服装的研发,人类的服装穿着将会变得更舒适、更便捷、更适用。有研究甚至说,若干年后人们在穿着方面,一衣竟有多种功能,能吃、防蚊、可发电,以及永久性防水、防火、防污、防腐蚀等,以满足人们各种用途的需要,给人类的生活带来更大的便利。

功能面料的开发为人们的穿着带来福音。尽管价格不菲,可购买者却颇多,欧洲的百货店中的功能面料的服装售价常常是普通棉衫的两倍多。中国也是如此,含有莫代尔、大豆纤维等新型面料的内衣,其售价常常是普通内衣的几倍。通过提高面料的科技含量和时尚元素,赋予产品更高的附加值和更强的竞争力,这已成为全球纺织服装企业的共识。

二、设计整体个性化

服装设计更加注重人体的整体性,讲究全身的对称与和谐。除上衣与裤子的协调之外,还须考虑与其他服饰的匹配,诸如鞋、帽、裙、衬衣、领带、包袋等的相配,并且还应把发型、脸型、体型、皮肤、头发颜色等,也纳入设计范围之内,从而使设计的服装更加合身,更具整套的服装美,并更趋个性化,在款式、用料、色彩、配件等方面加以体现。

---

[1]　赵平,吕逸华,等.服装心理学概论[M].2版.北京:中国纺织出版社,2004.

三、专用设备集成化

服装设备功能集成化,一个操作工可同时操作几台设备。钉扣、锁眼、缝领、包边带缝合、熨烫等组合性设备,已在德国成为现实。操作工只要在一只送料装置上放上裁好的衣片,组合机就能自动完成送料、定位、缝制、折叠等动作。电脑控制技术进一步向纵深发展:三维立体设计能把服装效果图转换成样板图,还能模仿面料的质地、织法、悬垂度实现电脑三维模拟表演等,使之完美逼真。有些国家还加快研制机器人,以期无人操作的服装生产系统早日实现。3D扫描仪的运用,就使量体裁衣变得"快捷、精确、轻松",即为高级定制提供了精准的人体数据的支撑(图4-20)。

图4-20　3D扫描定制旗袍

四、电子商务一体化

服装电子商务在因特网上广泛应用,使之与生产企业相沟通,与消费相结合。所需服装信息一旦从网上发出,服装品牌、服装设计、服装面料、服装企业等一系列电子商务活动就会即时开展,企业即可按订单快速组织生产。这种以消费者为导向的新时装产业结构,极大地缩短了原料、成本、货币的转换时间,使商品和原料的规划同步进行,降低了生产成本和产品价格。这就为全球性的服装集团的产生打下基础。

五、设计内涵重文化

进入21世纪,社会事项对服装文化的影响力超越了以往的任何时代。于是,人们对文化具有更为迫切的需求。21世纪是文化的世纪。特别是世界范围的反战、反恐怖情绪的高涨,使戎装风格的服装大为时兴;再有世界范围各种疫病的传播,使人们陷入深深的恐惧之中,渴望回归平静,从而导致服装风格的休闲化和复古化。这就要求服装设计师在创新中孕育不同的文化。再者,人们普遍认为,网络是现代的而民族文化是后现代的,而服装的文化内涵更要继承民族传统,寻觅中华民族传统文化之魂,即中华民族精神的传承和发扬光大。据此,服装设计中复古、怀旧风情可望重新回归。

第五章
服装外观的印象魅力

通常人们多有这样的经验,初次求职面试时,总要对自己进行一番修饰:男装得体,女装时尚,以外观传达之信息,增加成功率。而处于觅偶恋爱时期的男女,双方总会注重衣着打扮,以悦目之装容博取对方的信任与好感。出席重要会议,多会正装前往,以显重视。这些所体现的外在观感和印象,多以个人为主,间或有团体(企业装)和国家的,如中共"十三大"后政治局常委全体西服亮相,就向外部世界传出"中国决心改革开放"这样的重要信息。这就是服装的外观印象魅力之所在。本章就此讨论第一印象的形成、人际交往中的服装功能和印象魅力的整饰。

第一节　认知人的"第一印象"

人们在平时的交往中,总会碰到不熟悉的陌生人,而对其作出评判的依据,就是该人的外部资料。这样所得的信息就称之为"第一印象"。

一、"第一印象"的形成

当遭遇陌生人时,人们对其作出的评介,称"第一印象"。而这基于往日经验的积累,即以相貌特征、装束特征等信息为依据,并对往后的交往发生或多或少的定量影响。

(一)"第一印象"

人与人之间的交往,产生感觉或印象,属现代社会之必然。人们在交往时,除了听言、观行之外,衣着装扮也是很重要的外观符号(文学、影视等作品中多有见之),它是人们进行印象认知判断的综合依据之一。例如,新兵入伍,新生到校,去新单位就职,所碰到的人皆是陌生的,毫不认识。这里的言行是因素之一,然外表因素是最初有效的印象认知的依据。服装就是外表判断的形象客体,是了解一个人不可或缺的。俗话说,只要看上某人一眼,就能知其职业、性格等信息之大概,即民间的"相貌识人"。有人曾做过实验,某幼儿园衣着入时且长相漂亮的孩子,往往会受老师的宠爱;反之,多受冷落。这也是以貌取人的一种形式。

两个素不相识的人,第一次相遇就其性别、身材、妆容、年龄等因素,而调动自身经验积累之库存信息所形成的印象,称第一印象。在众多信息中,性别、年龄、着装这些关键信息,起着判断的重要作用,即对初识者作出职业、性格、地位的判断,这就是第一印象的形成。

研究表明,一个简单的眼神视觉行为,仅30秒,就能判断某个陌生人的性别、年龄、民族、职业、社会地位,并还可推论出他的气质、人际关系、为人态度等特质。

(二)印象判断信息源

为什么能如此快地作出印象判断呢?作为心理现象,印象判断之于服装是很关键的信息源,这是每个正常人都有过的经验,并有过不同程度的实践,都得到服装载体所透露的某些信息所"暗示""提醒",即服装是认知人的第一印象的重要载体。熟悉世界金融的人,见身穿红色背带、在 Le Girque 餐厅用餐,后改穿马球衫、在硅谷沙山街风险资本公司玩桌球的人,便知这些人是 20 世纪八九十年代华尔街的实力派经纪人。他们每逢周一早晨,以白衬衫、细条纹西服的装束,出现在位于公园大道的黑石集团(The BIackstone Group)公司总部。华尔街的新贵,是赚钱能手,人们便知这些人具有哈佛商学院教育的背景。这是衣着外观所传出的信息(图5-1)。所以,身处都市化社会,人与人之间的频繁接触自然是短暂的,虽然不受个人情感影响,但"最初印象往往是形成的唯一印象,而只为了实用的目的,服饰成为包括一个人在内的感知领域的不可分割的紧密部分,服饰不仅提供有关自我、角色和地位的线索,而且还有助于设定感知一个人的场景。"[1]服装在第一印象中形成的重要作用,由此可见。

---

[1]　玛丽琳·霍恩.服饰:人的第二皮肤[M].乐竟泓,等,译.上海:上海人民出版社,1991.

图5-1　着装者身份、学识背景的外观信息

（三）服装印象效应

据上述所言,可称之为服装印象效应。它的形成是有其自身特点的。这就是必须受服装群体业已形成的穿着习惯、定势及流行因素之时尚文化的影响。当与他人初次相遇,就其相貌特征、衣着服饰的有限信息,依据自己所学之积累(自身装扮经验、媒体传播等),对初认识者作出定量特点的判断,即从衣着时尚与否推论该人对潮流之态度,对流行掌握之程度,对服装文化理解之程度,进而推知其性格、特征、爱好、兴趣等。所以说服装是印象形成中的"介绍信",恐怕也还在理。

因此,服装在第一印象中的作用是不能忽视的,其地位之显要,上文已有所述及。选择适合自己的服装,是必要的。因为它是个人信息的重要载体,万不可因穿之不当,或不利生活,或影响工作。这对现代社会的竞争,尤显重要。20世纪80年代初,男女经介绍第一次见面,陪同女方来相亲的长者,见小伙子长得帅气,相貌堂堂,认为可以继续交往,可女方却持相反意见,症结是小伙子穿了条牛仔裤,且臀部裤袋还有四个铜钉,"看了就知道不是个正派人!"蛮不错的一段姻缘就此告吹。[1]在那个文化大革命刚结束的年代,穿牛仔裤所传出的信息,虽不能与流里流气、流气十足、犯罪青年等划等号,但也决脱不了干系,接受正常教育、家庭背景良好的人,是决不会与此相联系的,更不会有此不良习气的。

当然,第一印象之形成,也不是一层不变的,它会在日后的继续交往之中,会有所修正,有所完善的。

---

[1]　孔寿山,等.愿您的服装更美:服装美学与穿着艺术[M].上海:上海人民出版社,1985.

二、印象形成的信息整合

信息整合是印象形成的基础,首先是对印象主体所获得的系列信息的整合,及其整合的模式,把握信息整合的特点,就能促成有效印象的形成。

(一)印象信息整合

人们印象的形成,主要是通过认知主体对认知对象及其所处的环境所作的认识判断。认知主体就是印象的形成者,他往往根据自己的活动、经验、人生观、价值观、爱好及大脑认知系统的信息储备,对被认知者作出印象判断。由外部特征的仪表、神态、相貌这些非语言表情,进而调动自身的生活积累,开展认识判断,这就是信息整合。特别是作为仪表重要组成部分的服装,往往是最吸引人注目之所在,衣冠楚楚,西装革履,往往多受礼遇,办事也容易些。不过,上当受骗者,也因此时有发生。这表明"以貌取人",也不尽可靠。所以,人们颇多微词,但仍然还是经不住装扮的"诱惑",屡戒屡犯。

因为,爱美之心,人之天性。人们的一切活动,全是为了创造美。所以,在长期的社会实践中,人们创造了美的服装文化,形成了群体性的约定俗成的穿衣戴帽之规则。因此,人们非常乐意与衣冠整齐、穿戴得体的人交往,其依据这些信息而整合出的印象得分,也就相应的高;相反,衣装不合俗规,于群不合,往往多遭排斥,印象得分不仅相当低,而且还会划归另类,甚至还会斥为"异端",也有个性化的称呼——"新新人类"。

(二)整合模式化

说到信息整合,还须涉及刻板印象和光环效应,这在其他教材中阐述颇多。刻板印象是人们头脑中对某类事和人形成的较为固定的看法,先入为主,不易改变,受传统意识影响较深。服装穿着不求中规中矩,起码应该是符合规范的。如 20 世纪 80 年代,面对穿喇叭裤、手提四喇叭音响、留长发的青年,不少人不仅不认可他们的穿戴形式,而且还由表及里对他们的人品提出质疑,认为这不是好人、正经人的装束。有的甚至还告诫子女,万勿与之交往,以免受影响被带坏,所谓"近墨者黑"是也。

与之对应的是光环效应。此说易于理解。"一俊遮百丑",夸大了社会印象和盲目的心理崇拜。生活经验中"A 的特性会含有 B 的特性",所以见某人具有 A 的特性,往往会推断他必有 B 的特性。

这是明显的个人主观判断,它在第一印象的形成中有较大引导作用。"情人眼里出西施",是这种逻辑推理的结果。

(三)信息整合特点

面对外部世界的各种信息,无论是物理性的刺激,抑或社会上的声响,皆会造成对视觉、听觉、嗅觉等感觉器官的强烈冲击,人们似乎不是应接不暇,就是难以分辨,陷入一种无序的评判状态之中,即无法给出恰当的印象判断。其实,这是不可能的。人们在社会实践中,初次相识者已学会了基本的方式方法,大多依据相貌、衣着等外形特征,作出印象判断。而经专家们的不懈研究和实验,揭示了其中的奥秘,这就是美国心理学家奥斯古德等人(Osgood & Suci, Tanenbaum)的贡献,即印象评定三个基本维度(或称方面)的概括,具体如下:

评价(evaluation):好/坏

力量(potency):强/弱

活动性(activity):主动/被动

这三个方面有一个共同的重要特点,那就是都离不开对客观对象的评定。而"评价"是其中最重要的维度,也是人们对他人形成印象的基本维度。奥斯古德的研究证实,初次见面,只要把对象置于这三个维度中,即使有再多的评定,也无法增强对该人的信息。所以,当对某人的印象形成之后,不论正反与否,其余信息资料则处从属地位,或延伸至其他方面。这得归功于社会心理学家阿希(S. Asch)的研究成果,即影响人们"评介"的中心特征(比如"热情"和"冷淡")和边缘特征("文雅"和"粗鲁")。而实践中,人们主要是按照中心特征对他人形成印象的,边缘特征作用不大。这里的第一印象,虽然并非总是正确的,但却总是最鲜明、最牢固的,它左右着人们对他人的认知。

第二节　人际交往中的服装功能

社会上的每个人都会有相应的联系,或业务拓展,或求职就业,或购物消费,其中的种种行为,即称之为人际交往。在彼此认知的前提下,还会产生某种情感性的倾向:或爱慕喜欢,或厌恶排斥,心理学称之为"人际吸引",它是认知的深化。而随着时间的推移,交往的频繁,人际的沟通就发生了,它是第一印象的深化,也是"人际沟通"的具体表现。在彼此吸引、沟通的过程中,双方皆为主体,服装作为外在的形式符号的作用,是颇为关键的。

一、服装的符号性

符号在现代社会中的用途广泛,可以说无处不在。服装作为人们展示内心情感的载体,更是充满了符号意义。

(一)符号学

符号学在英语中有两个意义相同的名词——"semiology"和"semiotics",词义相同。区别在于前者由索绪尔创造,欧洲本土人喜欢用;后者为英语区域所喜欢,是对英国人皮尔斯的尊敬。皮尔斯符号学认为,凡符号都由三种要素构成,即媒介关联物、对象关联物和解释关联物。每个符号都具有三位的关联要素。自然中的石块没有意义,但被打磨成石斧而作为工具时,该石块就被标示出特定的含义——石斧、石镞,此时的石斧、石镞就构成了符号。据此可以看出,符号是意义与对象世界之间的结构关系,并据此融合为统一的符号系统,在一定的环境中发挥解释作用。后文所述两女性对"裙子"的符号意义,就可看出其中的关联性。

符号学最早由西方学者阿兰·丘林首先创用。他根据计算机语言符号的原理,设计出一种称为"丘林机"的语言符号系统[1]。

符号学所发现的是支配社会实践的规律,或者如人们所喜欢说的,影响任何社会实践的主

---

[1]　金哲,等.当代新术语[M].上海:上海人民出版社,1988:612.

要强制力在于它具有指示能力。任何语言行为都是通过手势、姿势、服饰、发饰、香味、口音、社会背景等"语言"来完成信息传达的,甚至还利用语言的实际含义来达到多种目的。

　　服装穿戴是人际交往的符号,也是一种语言,且都是有个性的语言,通过这些个性化的装束,给人以第一印象;再辅以语言、姿(肢)体等其他符号,就可以对一个人作出初步判断,并以此进行交流、互动。这方面研究成果显著的是执教于美国芝加哥大学的米德(Mead),他是一位社会心理学家,还有他弟子布鲁默(Blumer),都是符号互动理论的构建者和积极推广者。布鲁默的学生考夫曼(也是以服装为研究专题的社会学家)在研究中指出,在社会互动中人们会采取各种策略把自己呈现于他人面前,"就某方面而论,服装是可以促使个体符合社会角色的戏服"。这种见解很形象,很容易理解[1]。

(二) 服装符号及含义

　　了解心理学的人都知道美国曾做过一个著名的"监狱实验",由招募来的智能和品质并无差别的学生,分别装扮"看守"和"囚犯"。时间为期两周。随着实验的进行,双方的神态和行为发生了剧变:"看守"以粗野的言行威胁、侮辱"囚犯",且多具强迫和攻击性;而"囚犯"迫于压力,变得越来越服从,唯唯诺诺,且伴有愤怒、精神抑郁等心理疾病的征兆。这同龄的青年学子,何以发生如此巨大的变化呢? 主持者吃惊之余,不得不中止进行了6天的试验,提前释放"犯人"。这里,空间环境是前提,两组人所穿的服装,起到了界定双方身份的作用(图5-2)。

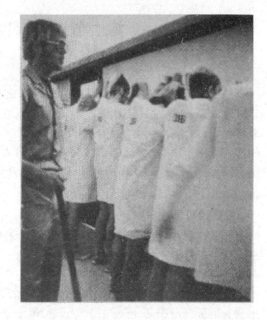

图5-2 "监狱实验"

　　一组着土黄色制服(即"布袋衣"),戴反光墨镜,手持警棍和手铐等权力象征物;而另一组所穿则为囚衣、囚帽,且前胸后背印有识别之号码(名姓被剥夺)。

　　这扮像与日常传媒警囚形象有关,即处于支配和被支配的地位,大脑中早已形成印象定势。这两组学生装扮的"无声语言"的媒介作用,促其心态、行为等发生了巨变。这表明,整个过程的关键,是服装所具有的标示作用和象征意义,即此时的服装已成了某种符号。这就是美国社会心理学家米德(Mead)的"符号相互作用论"(也译作"符号互动"的"symbolic interaction"),他论道,人类的相互作用是为文化意义所规定的,而许多文化意义是具有象征性的。旗杆飘着块带颜色的布,那是国家的象征,军服肩章上的杠和星的数量,是军功和军中地位的象征;新娘身着的白色婚纱,是纯洁的象征。据此米德归纳道,人类的相互作用就是以有意义的象征符号为基础的行为过程。

[1]　Susan B. Kaiser. 服装社会心理学[M]. 李宏伟,译. 北京:中国纺织出版社,2000.

符号相互作用论有三层意思。第一，人们根据赋予客观对象的既定意义，来开始相互之间的交往；第二，人们所赋予对象（事物）的既定意义是社会相互作用的产物，及所赋予之意义必受社会环境、空间的制约；第三，任何条件（环境）下，人们必会经历一场内心的自我解释过程，"和自己对话"，意在为这个环境确定一个意义，明确采取行动的方法。如司机见交警以手势发出停车信号就会停车。由于司机在社会互动和经验的指导下，已明白交警手势的含义，所以，必会作出相应的反应，包括行动的和心理的。在这特定环境中，交警制服的标签性传导于手势的强制性符号的相互作用。可以说，一切有意义的物质形式都是符号，符号在生活中到处存在，并在人们的工作中发挥积极的作用。

（三）符号的共通性

符号相互作用论还表明，当采取某种行动时，必须使自己的行为与同一社会环境中的其他人保持一致，即了解同一社会环境中人的所作所为的象征意义。如姑娘精心打扮，并未获得期待中男友的赞赏，此即未能体察同一环境中人之行为的象征意义，互动亦并未能达到一致，使其效果大打折扣。

人际交往的双方，若需沟通达到理想预期之效果，须有一套统一或大体相近的符号，这约定俗成的符号，可以是语言的，也可是非语言的，用来代表任何事物的社会客体。符号的统一性和意义体系，保证交往双方的顺利沟通，不致因无法译码而发生沟通障碍。图 5-3 所示就是有个彼此都认同的符号体系——裙子。就图中两位女性的外观进行分析。一位西藏妇女正在观察背对着观众的美国观光客所穿着的裙子。这裙子是观光客先前在尼泊尔向一位西藏人买的，可到了西藏，她才知道这裙子对上了年龄的西藏妇女，意义很不一般。由于她们缺少交流的共同语言，只能就非语言的裙子这个符号进行沟通。西藏妇女穿着旧式、古板的服装，脸上洋溢着的笑意及其专注的神态，都传达出对来访者裙装的由衷的欣赏；特别是裁剪方式、款式乃至材质的光彩熠熠，都是老妇所没看到过的。而外国观光客，除对老妇感知的认识外，还意识到相反的一面，即年轻女性没有如老妇那样明显而强烈的反映。

图 5-3　同为裙子，虽然语言不通，年龄亦有差距，但她们都根据自己的认识，通过眼睛就裙子的外观作出了各自的评述

这就是符号互动论让人们明白这条裙子对西藏女性的意义。若以认知的观点说，是从西藏妇女对这条裙子的的观察和解释，即就此修正和扩大自己的认知范围。而就文化角度而论，此裙可视为一种文化形式。三者都从不同的层面开展了研究，有学者以"情景观点"进行概括，如图 5-4。

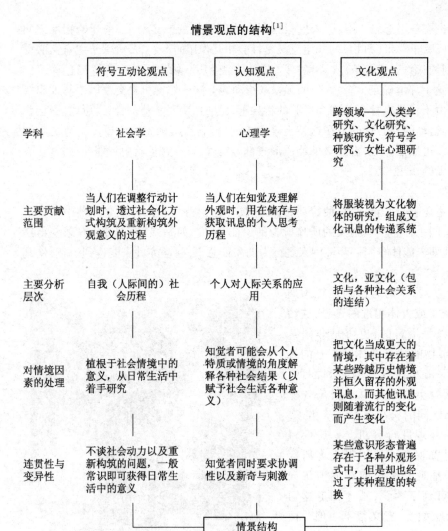

图 5-4　情景观点的结构

上图说明外观的意义植根于社会情境之中，人们对其的理解也必须依此进行。当然，社会由相互关联且又分为多种多样的群体所构成，是个庞大的服装群体，每个人都处在一个服装群体中。所以，每每有社会行为发生，这不仅是个人的、个人之间的，而且更是群体之间的。这表明，服装群体行为，也是以服装为符号参与群体的行为。

二、外观魅力和服装

人际交往中的外观魅力，就视觉感官而言，当首推服装。且此魅力受某些心理机制的制约，并以视觉观感为主要特色。

---

[1]　SusanB. Kaiser. 服装社会心理学[M]. 李宏伟, 译. 北京:中国纺织出版社,2000.

（一）服装外观魅力

在人际交往中,服装的外观具有吸引人的诱发因素。有些推广资料就据此设计了出色的作品(图5-5),供人欣赏,以达到引导销售的目的。服装作为人体的外部装饰,与个人的相貌、体态共同为认知对象的构成要素。交往中,因其作为视觉的第一感知要素,所以,也可称之为首因效应。它是人际吸引中的诱发因素,以致形成令人羡慕的外观魅力,即服装的魅力。

经验表明,人们对某个人的喜好,与其外表魅力关系密切,服装及服饰等的装扮效果,给予外表魅力的影响是非常直观的,值得重视。这就是服装的魅力性和服装的类似性。前者是指个人着装形象对他人所产生的吸引程度。它可分为服装美的吸引力(与人的魅力性关系极大)、流行时尚吸引力和性的吸引力(图5-6)这三个方面;后者为服装的类似性,指交往者彼此装束的相似或相近程度,处这样的环境,双方都有种平和的亲切感,可改善、增进人际吸引的效果。如价值观念和态度、信念、感情与己相似的认知人,如穿着爱好相同,都喜欢

图5-5　卡尔·拉格费尔德,墨镜、白发,对比强烈,时尚中张扬着个性

赶时髦,就极易相互吸引。生活中,人们对相貌美、气质雅的人,常可引起基本的亲和之情,并往往能激起亲近之欲望。这就是俗称的"给予(报酬)——善意效果"。

图5-6　服装时尚的吸引力

（二）魅力心理机制

心理学家认为，人际关系的结构，包含着认知、情感和行为三个互相联系与相互制约的成分，其中以情感相悦和价值观相似为核心。

感情相悦。交往双方都通过服装认知对方，但还赞赏彼此的衣着打扮，尔后有进一步的接触、交往。由于双方了解的增多，遂产生了好感，并相互接纳。反之，交往不舒畅，要想发展到相悦那是不可能的。这里所说，服装是认知他人的物质载体，也是联系感情的纽带。

接近因素。人与人之间，时空距离越接近，互相交往的机会就越多。如服装企业的服装设计师与服装打板师，由于工作的缘故，交往的机会就多，容易形成共同的认识、共同的观念和共同的信念。在这种时空距离中，很容易了解对方，因此互相间的关系也就密切。当然，也就容易互相吸引。

首因效应。从心理学角度看，可包含自然的、装饰的、行为的这三大诱发因素。自然的诱发因素，主要指服装的自然属性，即服装穿在身上功能佳、适体。通常见有人穿什么都合适，好像真的是"天生丽质"、像"水仙似的"美，其实，是与所穿之服装分不开的。因为有嫩白色之装的衬托，是人与服装的结合而出现的佳丽之效果。再质美之人，也须善于打扮，没有服装的适当配合，其美也是不完整的。

（三）魅力视觉外观

俗话说："好鞍配好马，宝剑赠英雄"，说的是配饰的重要性：一是恰当，二是自然，三是简洁。服装装饰之要义，在于画龙点睛，为着装者添彩。这是视觉观察的结果。美国小说《飘》写郝思嘉时，说她"长的并不美，可是极富魅力，男人见了她，往往要着迷"（图5-7），为什么会有如此感受呢？打扮也并不艳丽，"身上穿着新制的绿色花布春衫，从弹簧箍上撑出波浪纹的长裙，配着脚上一双也是绿色的低跟鞋"。可接下来的描写，就显出美之出色之所在："穿着那窄窄的春衫，显得十分合身。里面紧紧绷着一件小马甲，使得她胸部特别隆起"，这后面的文字正是装饰打扮最出彩的地方，诱发了关注者之审美目光。

图5-7　根据玛格丽特·米歇尔所写的《飘》改编电影——《乱世佳人》中费雯丽扮演的郝思嘉的形象

就视觉能力而言，人们对进入视线的认知对象，首先是服装的颜色和廓型，尔后才是着装者的相貌。英国社会学者说过，所有的聪明人，总是先看人的服装，然后再通过服装看到人的内心。美国有位研究服装史的学者还指出："一个人在穿衣服和装扮自己时，就像在填一张调查表，写上了自己的性别、年龄、民族、宗教信仰、职业、社会地位、经济条件、婚姻状况、为人是否忠诚可靠，他在家中地位以及心理状况等。"由此可见，服装穿着可透露出一个人多方面的信息。

其实，就服装对人作出评判，并非是成年人所独具，而是从儿童起就已萌芽了，有实验为证。问题：用什么方法创造出世界上最美的姑娘？结果，大多数10岁左右的应试者认为，应从服装入手:"穿漂亮的衣服""带美丽的戒指""给她买漂亮的运动衣"。"由于人体外观的服饰显得如此重要,因此,我们会得出这样的印象,即儿童认为一个人的美丽与否,是根据这个人的服装,而不是人体天生的外表"[1]。这证明,人们自幼便是以服装为媒介来评价人。这也是人们追求服装美的原因——增强人际交往和印象形成。至此,人际沟通中的服装大致归纳为第一印象及人际关系的传达、情感的表达和自我表现这四大功能。

第三节　印象魅力的整饰

影片《穿普拉达的女王》的开头,一女子起床洗漱完,很认真仔细地挑选自己的穿戴,换了一款又一款(图5-8)。为何如此挑剔?因为,一会儿将去面试,所以,她必须耐心、有见识地装扮自己,以期给面试官留下良好印象,从而达到求职的目的。这就是通过服装表现自己,装饰自己。

一、自我表现的印象整饰

事实上,人们在交往和沟通中,往往通过服装的符号作用,去有意识地引导,或控制他人对自己所形成良好、独特印象的过程,称印象整饰,即印象管理、印象控制,简言之,利用服装建立自我形象,传递自我。

(一)整饰的必要性

某男大学生为了显示自己的能力,借服装来表现。据他自己所说从来没有这样搭配过衣服:"宽大的牛仔裤加上我很喜欢的牛津衬衫,然后再加一件毛线衣。"他认为"这样看起来一定很棒",目的是"想留给某些人深刻的印象",借服装显示自己的能力。

女大学生则说:"我想如果我穿上裙子和高跟鞋,尽管我的个性没变,别人也一定会对

图5-8 《穿普拉达的女王》中的这位模特,影片一开始就交代她对衣装选择的重视,意在应聘效果的实现

我另眼相看的。"这里以服装、服饰增加自己身材的高挑和挺拔,意在引起他人的关注。这些是通过服装服饰的整饰,使着装者外观的符号管理,变成一种自我呈现(self-presentation)的工具,

---

[1] 赵平,吕逸华,等.服装心理学概论[M].北京:中国纺织出版社,2004.

即个体在社会上向他人展现自己的过程,也可称为自我展示。其实,自我展示在商业社会也是种自我促销的行为,在满足自我形象时,可能更多的是向社会寻求某种机会,以实现自我呈现的目的。

(二)自我形象

自我呈现的形式是个体外观的形象管理,以求达到自我形象的满足,并进入自我构建(self-construction)的阶段,即他人对自己外观的反应,以及个体自我呈现的双重评估。

人们大多会有这样经历,凡节假日的儿童商场,都一片热闹,尤以"六一"儿童节最具代表性,这里的儿童玩具、服饰新品等,都极大地吸引着孩子们,男孩见卡通形象、科技兵器等爱不释手,不据为己有决不罢手;而女孩对裙衫、头饰等服饰品极有兴趣,不时在自己身上比试着,更有的长久地停留于柜台前,面对满架漂亮的衣饰,进入了想象的空间。这些好看的头饰、配饰、衣裙等衣饰,是她所十分喜欢的,该如何穿戴打扮自己呢?这可能就是该女孩所进行的自我构建,或自我促销。如果构建的话,她会借助女性化的文化知识,并想象他人对其所选衣饰的反应,来考验、测试自己的自我呈现的评估标准。但如果该女孩在进行自我促销,她的大脑中可能会想象几个特定的社会机会。如果该女孩意在女性化的特质外观,如芭比娃娃那样美丽可爱,她在幼儿园里能大受欢迎,还可享受小公主、小天使般的超常待遇。

(三)自我整饰

穿戴装扮,实际上就是一个人自身的包装、整理装饰,以达到某种场合能够左右他人印象的形成,即通过自身的装饰,达到预期的目的。这种装饰的沟通的作用,是人之本能,是自然发生的。任何有关自身的装饰,从发型、服装、妆容及所携之包袋等,无不是自己个人信息的透露。诸如崇尚名牌、追逐时尚、讲究品位等穿着形式的人,都会熟练运用服装(含装饰)这个非语言沟通符号,熟练地展现自身衣装之魅力。

这方面社会公众人物堪称表率。国际著名模特辛迪·克劳馥对服装的理解和表现,无疑是最为出色的(图5-9)。无论什么场合,辛迪的服装总是给人协调、和谐的感觉,就像她的人一样完美。她的服装千变万化,每次都给人以惊喜。这与她的精心妆扮密不可分:什么样的服装表现什么样的个性,什么场合宜穿何种服装,她都有过严格的考究。辛迪的万千风情,不仅来自她自身的魅力,而且与化妆、服装的搭配也是紧密关联的,从而在世人的印象中总是保持相当完美的形象。印象整饰的重要作用,于此可见。

图5-9 辛迪·克老馥穿着的自我整饰能力非常强,以体现不同场合的需要

二、印象整饰的功能

生活中的每个人,都希望自己的穿着与别人的不一样,都希望以自己的风采来博得他人的重视。这就是印象整饰的功能。越来越多的公务员的竞聘会上,很多应聘者除精心于试题的准备、推敲,对装束还有过细心的挑选、琢磨,以赢得考官对其外观魅力的好感,从而提高应聘的成

功率。这种左右他人印象的形象整饰过程,其实每个人都曾经历过。

(一)印象整饰适合性

所谓印象整饰,就是把自己的着装魅力显示出来,印象魅力的加分过程。这是印象认知现象的另一方面,是适应社会的一种策略需要,即给他人以独特的外观印象。而整饰最讲适应性,即适应自身,使自己出彩。实际操作中,除自我判断外,往往还会错位思考,转换为他人的角度,去察看自身装束的认可度、适合性,即着装主体往往会站到对方的角度来审视自我穿戴:以挑剔的眼光为自己的着装整饰把关,察防不合适之处的遗漏,以致印象整饰完美尽善,从而把合适的自我形象传递社会,以利人际交往的顺利进行,并使之倾向于自己一方。

当然,印象整饰要适合自己,不能不顾自身地、胡乱地往身上穿,即使不加分也不能被扣分,这是着装之常识。可现实总会有因不识衣着所发之信息而闹出尴尬的。20世纪80年代,年青人时兴文化衫,男女分别穿着印有"NO USE HOOKS"、"KISS ME"的衣衫。女性衣装所透露出"吻我"的意思,这样走在大街上,岂不要弄出点什么误会,甚或难堪。所以,印象整饰的适应性就显得很重要。

(二)自我印象历程

人们以服装传递自我时,会产生多种效应,如赞成、认可的,否定、反对的,模棱两可的等。若评论不好的情况占多数的话,则应考虑可能有挑战出现。这就是怎样看待自我形象的问题。学者们的研究指出,其中有个自我理解的存在,它可分成个别独立的二元实体,是主我与客我的合一。主我是自我中主动的部分,可随时以冲动的形式展开行动;客我则把融合他人概念的社会意识(如社会规范、团体价值观等)提供给主我,主事协助控制。两者经内在协调、交互作用后,使外观印象与社会情景趋于平衡。每个逛街购衣者,主我与客我便会展开对话。当看到某款服装时,主我会产生反应(感到这就是他需要的衣装风格),当继续打量该衣或试穿时,客我便会就该衣表现自我的评估(他人会怎么看,该在什么场合穿着)。这是大多数人购衣可能会碰到之经历,这里只是作了深入的、层次性的解析而已。因此,这样的置装设想女大学生应比一般女性所花的时间要多得多,即用在主客我之间的心理对话上了。

所以,有些人就一直很在意别人如何看待自己。如果别人说打扮得很好,自己就会觉得很不错,有种满足感。这种基于周围环境评判的心态,则是对穿衣人所产生的反应或诠释。这种对他人评论的重视,意在与社会风尚一致,即社会适应性,也就是学者们所一再强调的"自我是一种历程"的人[1]。

---

[1] Susan B. Kaiser. 服装社会心理学[M]. 李宏伟,译. 北京:中国纺织出版社,2000.

第六章

个性、角色和服装

20世纪八九十年代有一幅漫画:一孩童追着一留长发、衣着稍艳的成人喊着:"阿姨,手帕掉了!"待那人回头却令人吃了一惊,原来是位有胡子的先生。画作本意讽刺着装的不男不女。可换个角度看,这也不失富有个性的装扮——追求女性扮样的心理表现。其实,前述"服装的自我表现",已涉及服装与个性的问题。每个人都是独立的个体,个性各不相同。因心理特征和生活环境、社会角色、教育程度的差异,其穿着行为、着装功效亦各有差别。本章就从这些内容开始讨论。

第一节　个性与服装行为

　　个性是心理学的重要概念,也称人格,英语为"Personality",与古希腊文"Persona"有渊源关系,意为"面具",用以在舞台上演绎、刻画剧中人物心理的种种典型,以不同的面具扮演各具典型性的人物。心理学家据此把个体在人生舞台上扮演角色所形成的心理活动的总和,称为"个性"。

　　关于个性,心理学界虽然说法颇多,各持己见,自成一说。但通常认为,个体在环境作用下形成的一种身心组织结构,带有倾向性、稳定性、整体性,不同于他人的独特心理特征的综合,包括动机、兴趣、态度、气质、性格、能力以及体型、生理等方面。

一、个性与自我概念的服装

　　自我,指个体对自己身心状态的认知,自我存在的觉察,包括生理状况、心理特征以及与他人关系;一个正常的人所应具备的对自己的一个较为稳定的看法,称之自我概念。自我概念受社会各方面的影响,或在与他人的比较中确立,或从别人的评价中获得,自我概念是个性社会化的结果。任何概念的形成,均与社会环境关系密切,即离不开社会的影响。人们对流行服装的赞同与否,很大程度上受社会舆论的导向;自我概念的形成是个逐步发展的过程,是个性社会化的产物,包括生理自我、社会自我、心理自我这样三个阶段。

(一) 生理自我

　　生理自我指个体对天赋的特征的认定,对自身体型、体质和生理特征的认定,包括脸型、"外貌"、性别、肤色等。这生理状况的基本认定,就构成了个体生理自我的服装内涵,即以生理自我为个性服装的基础。这一点是不能忽略、忽视或视而不见的。生理自我是前提,否则,个性与服装行为将难以展开。如儿童生理上的性别区分,就为日后衣着倾向打上烙印。女童所穿之衣裙色彩之鲜艳、男童所穿总带些帅气的衣裤……这些形式,直至成年后,这一服装认定之倾向行为,还是会很顽强地表现出来。

(二) 社会自我

　　社会自我指个体受社会文化的影响,它是通过社会各个环节而对个体施加影响,通过家庭、学校的学习,摆脱"模仿""仿效"的阶段,特别是大型娱乐活动,极易造成偶像崇拜。这在服装上是极为明显的,与群体角色的衣装相吻合,这是一种自我认定的标识物,以期被社会接纳、被社会认同的心理状态。生活在社会中的每个人,其服装受社会意识影响相当大。而且有的是自觉的追随,心甘情愿;有的是受周围环境的逼迫,受制于群体的无形压力;有的是在小众形象的诱惑下,甘冒风险而为之,等等,是社会的作用强化了个体的着装心理。

(三) 心理自我

　　心理自我指个体从青春期到成年的这段时期。此时,个体生理变化明显,性成熟,性别特征,明显想象力丰富,加速了个体的思维发展,特别是逻辑思维能力的发展,使个体的自我意识呈现出主观化的倾向,而个人价值体系亦于此形成,并以此观察、评价外部世界,带有明显而强烈的主观色彩。由此,对自己的人格特征也有了进一步的认识,藉此实际环境,注意强调自己人格特征的重要性,以适应社会,提高自己的社会地位。至此,个体已成为社会的独立的一员,以自己的认识在社会上发挥作用。就服装而言,更是以自己的判断,对服装的选择、取舍独立进行,即自我意识的表示。这表明,个体对自己的服装之生理自我、社会自我、心理自我已有了一个全面的觉察、认知,并理性地视之为一个整体。这是服装自我的综合体现,从而形成独特、有别于他人的服装自我,即个性的服装自我。

(四) 自我概念的服装

现实中,人们总是想以自身的优势来显示自己,以提高自己的群体影响和社会地位,其中,发挥主导作用的当属自我概念。生活中常听有人说,出席聚会、庆典等活动,所穿衣装的自我感觉不怎么好,未能很好地表现自己,总觉有些不尽如己意。为什么呢? 这就是此前所设定的自我概念,现场并未发生的心理感受(以前着此装扮,自我感觉还是相当良好的)。

其实,每个人的自我概念,从儿童到青年,已初步形成,只是在以后的岁月中,随着认知范围的扩大和新知识的吸纳,对自己的评价,特别是情感体验的深入,趋于稳定的自我认识还会发生变化,乃至不断完善。

这种个体的意识总会时时、事事表现出来,尽管有场合、程度的不同和区别,以显示自身的价值。这里,服装就具有较高的自我表现的特质,这关乎个体的自我概念。个体以服装为媒介载体,向外界传递自我概念,以实现自我表现的心态;并从外界的回应中,强化自我。这表明,当着装与自我概念吻合时其获得的良好体验就能强化自我概念。

二、个性在服装上的显现

一个人的思想、品德、气质、情操、志趣等内在个性意识,必然会就穿着打扮等外观形态得以表现。因为每个人的个性并不是抽象的,其情感和心理特征,都会藉服装而明确显示,且都带有较强的个人特色。日本演员松本莉绪颇有心得,具体即对牛仔裤的钟爱,她说:"放弃单纯的甜蜜可爱,用牛仔风格表现自我个性"(图6-1)。这就是个性在服装上的显现。

(一) 外在衣着的内心倾向

服装作为人们生活的重要基础装备,是个性表现的最好的形式,也是表现个性倾向内容的体现。据此可以说,服装是表现个性的形式和内容的统一体。这里,分别予以阐述。先说内容。个性显示于服装,它是个体自觉的或下意识的本能反映。受个体性格之驱使,必然会通过服装这个最简便、易操作的方式表现出来,是由内而外的精神力之驱动,"诚于衷而形于外"。人们平时服装选购的喜好、审美倾向、衣着目的等方面,都是构成个性的重要内容。其外在形态表现为穿着、打扮,是其内心世界的一种迹象,一种表述。依古希腊著名医学家希波克拉底的体液学说亦可推论,多血质的人的衣装变化常先于粘液质的人;抑郁质的人比胆汁质的人更注重细节。这就是服装的个性表现的内容,也称"服装个性"。它是指个体对服装的需求、兴趣、价值观及与之相关的气质、性格、体态等内容的总和,并受审美倾向、社会地位、消费动机、生

图6-1 松本莉绪颇具个性的牛仔装形象

理条件等限制。素有"日本超级设计师"美称的高田健藏也曾就"雅致"对"个性"发表过精辟的见解:"雅致首先是一个习惯问题,一种精神状态,近乎一种'自然'的性格特征。一个雅致的妇女是在尝试了各种风格之后,懂得找到自己风格的妇女。一个会打扮的妇女不介意自己身上穿的服装值多少钱,而是讲究怎样通过服装把自己的个性表现出来,而不是相反。"

至于个性藉服装为形式表现,则应如此理解。服装的材质可为个性的体现,喜欢何种面料、质地、风格等,皆与个性相关(图6-2)。同时,个性虽具有先天性,改变不易,如个体性格的内向(倾)、外向(倾),多为遗传,并在衣着上多有反映,几成定势。但由于某些原因而使穿着风格一反往常的,这种情况在生活中也并不少见。

图6-2　宋庆龄女士的旗袍装扮

(二)个性服装的职业"包装"

需要说明的是,个性在服装上的显现,并非纯为展示个性而不变,还要受制于社会大环境,即服从集团、团体的制约,也就是受职业角色的制约,对个性进行重新"包装"。这使人想起了日本。凡到过日本的人都见过这一现象,日本人好似都归属于某一团体,个体只是这些团体的一分子,个性似乎无从发现。如银行职员,所穿多为蓝色西装;如是行业成员,则穿着鲜艳的的确良衬衫;间或还有纹身相炫耀。而初到日本的外国人,感觉日本商人好像都一个样(图6-3):深色西服、黑皮鞋、黑头发、个子不高、大小相同的领带,以及领侧之公司别针;跑到学校,学生们都穿着相同的校服;逛百货商场,相同的更多,每个店员穿得一样,打躬作揖地迎候,连语调也整齐划一地说道:"欢迎光临!"想必到过日本的人都有此同感。这么说,日本就不讲个性或没有个性了?当然不是。看看日本商店那些别具特色的商品,就明白了。服装配件选择的自由度非常大,就是传统之和服,不仅款式众多,而且穿着方式同样有很多选择。

图6-3　本图体现了日本商人着装的基本程式

图6-4　有研究表明,黄是内藏野心的颜色。希拉里穿此色之上衣,是其竞选总统内心世界的最好证明

再分析美国前总统克林顿夫人希拉里的着装,也可为之佐证。希拉里似乎一直"不会穿衣服",多年前她还被美国《人物》杂志"授予""年度最差着装奖"。可 2007 年 11 月,在民主党夺回国会控制权的庆功大会上,希拉里一袭鲜艳的黄色上衣,给人留下深刻印象。色彩研究学者认为,黄色是内藏野心的颜色(图 6-4)。希拉里在选战关键场合着此色服装出场,是颇具用心的,是她竞选总统内心世界的最好证明。而当被委任为国务卿出访亚洲时,其首度亮相所穿黑色风衣,是国家领导人这一新角色之"包装",是国家领袖新身份心理体验之外化,因为黑色是沉稳、力度的象征[1]。

三、个性与服装行为

据前述可知,个性是个体心理特征的独特的综合体现。既然如此,个性通过服装得以外显,而服装则又受个性制约。服装行为与个性相辅相成。个性虽居主导地位,然个性之彰显,必取最易得、最显见之载体——服装,两者互为表里。

(一) 个性对服装行为的制约

个性受个人心理因素影响较大。个性不同,着装行为必会两样。所以,个性决定服装行为,可视为现代社会着装的基本规律。民间常说,什么样的人穿什么样的衣,通俗显现,所指就是个性。这与"个性的着装动机"相关,大致有以下表现:

求新。追时髦求新奇,重在吸引别人的观感,起引人注目之效果。或称标新立异,是心理偏好的外化。这些人往往是流行和时尚的忠实拥趸和追逐者。这是创新的市场希望。他们的情感追求和情感表现,推动了市场的创新发展。

尚名。崇尚名牌,是现代社会的普遍现象,尤为城镇民众最为热心。他们以名牌为地位、身份的显示,是个人形象的"名片"。

好胜。衣着多攀比,好显派、摆阔,以期藉此摆脱过往受人轻视之经历。此种装扮意在炫耀。

崇实。重在服装的自然属性和使用价值,即穿着的实惠性,人称经济学个性。

审美。个体的美学修养,造就衣着的讲究品位。

以上所列五种着装个性形式,意在叙述的便利和醒目,而在实践衣着行为中,多互有交叉关联,并在交融中实现个性的外显(图 6-5)。这是应该注意的。

倾向阳刚的人服装多选轮廓鲜明、线条清晰的,可对猎装情有独钟;若喜欢柔美之人,可挑选裙装;追求空灵的人,多借重神秘感的色彩以体现;爱好明艳鲜丽的,那就在高纯度、高明度的红、黄等色彩上用心,都是意在突显其个性的主要方面。

图 6-5　在与摇滚乐的融合中,实现个性的外显。Irina Lazareanu 在 Chanel 秀场的造型

(二) 服装行为对个性的影响

所谓服装行为,是指个体个性的一种表现形式,它对

---

[1] 宸装. 女人的力量——女首脑的人生启示录[M]. 武汉:湖北人民出版社,2007.

个性的产生、形成具有某些教化作用。这可从幼童的衣装得到印证。幼童无主动选择服装的意识和能力,其穿着均来自成年人,他们在接受这些物质服装的同时,还收下了这些人的服装个性,即这些装扮者对服装的理解、审美倾向、着装动机等精神性的熏陶,且是无形的、潜移默化的,并引导了外界的评价。如称打扮娇柔、文静的女孩为"小公主""小明星",扮相强健、活泼的男孩为"小运动员""小兵"等,这其中所寄托的是成年人的期望(图6-6)。服装则成了某些愿望信息暗示之载体,加之周围人的时时提醒,行动与服装的相称。长此以往,即对幼童的性格发生了作用。邻居中也不乏这种现象,某家庭因喜欢女孩,可偏生了个男孩,于是,便以女孩的衣装来打扮他,时间一久,这个男孩就倾向女性化了。道理就在这里。

图6-6 反映装扮者意愿、又透出稚趣的童装

图6-7 艾森克人格维度图

此外,服装行为对个性还有彰显作用。此与民间"三分人品七分打扮""人靠衣服马靠鞍"意思相通。利用服装展示个性、气质也是影响服装行为的因素。不同气质的人,其服装行为也是大不相同的。因此说普遍存在,特别是外向(倾)、内向(倾)对服装的穿着之关系,社会认同度较高,可参考艾森克的二维个性结构图(图6-7),此处从略。

个性化的着装风格,一直以来都是很有市场的。个性又是个很复杂的心理现象,并非上述所能全面概括,这就决定了服装行为的可变性;而个性的复杂性又与环境的适合性、地域的差别性相关联,更导致了现代服装的丰富性。所以说,服装行为既是个很复杂的个性行为,又与社会环境密切相关。

第二节 角色的社会化

　　"角色"一词,本为戏剧舞台用语,指演员扮演的剧中人物之形象,即剧中人物。《罗马假日》中的公主由奥黛丽·赫本所扮演,这个公主就是电影艺术中的角色。如今社会学、心理学也借用了此词的概念,社会亦如舞台,每个人都在其中扮演着自己的角色。社会是由多方面构成的庞大集团,因而角色也是多种多样的,着装也就丰富多彩,那是为了体现角色的需要。

一、角色的社会特点

　　角色是生活在社会这个庞大的团体、机构之中的一员。每个人都是构成社会的成员之一,这就是社会角色。

(一) 社会化

　　所谓社会化,指通过各种知识化技能的学习、训练,个体社会意识、社会文化形成和发展角色扮演能力的过程,即将一个"自然人"(或"生物人")培养、锻炼转化为能够适应社会规范、服务社会机构、履行某个角色行为的"社会人"的过程。该过程是逐步内省式的,是与社会环境相互作用才能实现的,更是整个社会文化赖以积累和延续的基础。由于社会是不断发展、不断进步的,所以,社会化是终身的,中途任何的停顿都会遭致社会的"惩罚":或角色游离、或被边缘化、或履行角色受阻,等等。角色的社会化是个终身的过程。儿童、少年、青年、成年这四个时期的着装,都是各有特点的。就是在成年期,也还是须加强自身社会化的进程。因为社会环境的诱惑性很强,要持续不断地学习社会文化和行为规范。在社会的变化中,充实、完善已有价值观和审美观,进而履行好自己的社会角色。

　　这表明,社会环境是影响个体社会化的重要因素。每个人都活动于社会环境。不同的社会环境对个体的社会化和着装行为,将会有不同的影响。这就是环境因素的潜移默化的作用。虽然人们常说血型、遗传等家庭因素会影响人格特征的向背,但因爱好、兴趣、年龄、地位等大体相同或相近所形成的非正式群体,亦会对社会化产生重要影响。如印度电影《流浪者》中的拉兹,原本是富豪之血脉,从传统意义说,其血统高贵,然其母怀孕期间被逐出家门,产于大街,他经常混迹于社会下层的乞丐、罪犯等人中,最后竟也成了他们中的一

图6-8　身为盗贼角色的拉兹

员(图6-8),神偷成了他的社会角色。这个角色的转变是生活环境之使然,从而辛辣地讽刺了富豪当初所说:"小偷的儿子总是小偷"!

(二) 社会角色的转换

　　生活中,每个人的社会角色总会有所改变,很少有人会不变角色。比如说,某人师范院校毕

业,执掌教鞭理所当然;经济大潮袭来投身商海小有成就;后又因策划推广出色,而转为经营媒体网络。每个新角色的确定,着装会有相应的变化,以使新角色得以确立。服装有助推作用。试想,穿着牛仔服的交通警察,执勤于闹市通衢,会有人服从他的指挥吗?答案显然是否定的。这样的着装形象不可能为角色增添社会影响力,即不具备强制性。不过,人们的社会生活并不是单一不变的。当交警出游于风景名胜时,人们就不会因其牛仔服而去质疑他。女教师以性感之行头出席时尚晚会,定会大受欢迎。因为

图6-9 体育活动爱好者布什

彼此的社会角色已发生变化,真正的角色已暂时潜隐,而突显的是眼前游客、女宾的身份。在北京奥运会上,坐在观众席上的都是观众,美国前总统布什也在其中,是观众而不是总统。他拿着相机抓拍精彩场景,或摇旗呐喊,俨然是位热心的体育迷(图6-9)。这就是林顿在《人的研究》中所提出的人的社会角色的显隐理论。

其实,每个人不会只有一种社会角色。当年56岁、体重108千克的英国皇家检察署顶尖律师克利福德·阿里森在休假时应征兼职裸体模特,引起轩然大波。可他竟说:"本人律师,但是并不愿意将自己局限于一种社会角色。本人拥有一头天然的卷发、迷人的嗓音和良好的表演风度,愿意尝试表演、模特、配音等各种工作,不想错过任何机会。"这告诉人们,大律师是他的社会公职角色,可他还能客串演员的角色,服务社会,从而使生活更精彩丰富。当然,有时受环境制约,或场合需要而发生社会角色的改变,也是时有发生的。

(三)社会角色变化的特点

社会角色变化有三个特点:一是有较详备的策划,二是特定场合的交际需要,三是区别于舞台荧屏形象。后者虽同是以服装改变形象而转换角色,但此处仅是作欣赏之对象。虽然服装有助于角色形象的塑造,不过,这是经过艺术化了的,更不同于化妆舞会。因为,他的社会角色并未因此而发生改变。这与侦察员、特工、卧底之原本之角色一样,即仍然扮演着其所承担的社会角色。这里的服装仅暂时充当了社会角色改变的道具,是为加强其完成社会角色服务的,即服装社会角色的服务功能。

美国著名小说家马克·吐温有篇《王子与贫儿》,说的就是服装改变社会角色的重要作用。王子穿上破衣烂衫游走街头时,人们待他如乞丐,而乞丐穿上时髦装束如貂皮大衣出入禁宫,无人阻拦不说,更受礼遇。于是,人们由此化装而引申到拟装。前者已略有说明,自然知晓,即化装"改变自我";后者则是指社会角色暂时转换为他人,不是原来的自己。如《智取威虎山》中打入匪巢威虎山的侦察英雄杨子荣,能较快地通过考验取得信任,其外观的匪气十足帮了大忙(图6-10)——装束"匪",言谈"匪",神态亦"匪"。这种改变之拟装,实际上就是角色把自己"变成别人"。

图6-10 满身匪气的杨子荣。《智取威虎山》剧照

二、角色的类型

个体与社会构成的关系,谓之社会角色,而人的一生可以扮演多种角色,且由于社会生活的多元丰富性,有时处同一社会环境,会同时扮演不同的角色。为把握不同角色的特点,进行科学的归类,将有助于生活、工作效益的提高。

(一) 先赋性与自致性

先赋性是指由先天因素和社会约定不需要个体的努力,其社会角色就已确定,可有两种情况,一为生理性的先天因素,由遗传、年龄、性别、婚姻、血缘等先天因素形成的社会角色。如性别角色以及由父子关系所产生的父亲角色和儿子角色。个体来到人间,其民族、种族、家庭出身等特征,即被终身赋予。而服装则相当明晰地担当了性别角色的特征作用。女孩喜穿艳丽的,要漂亮,男孩须穿阳刚率性的,体现强和力。但随着社会发展,男女装的性别差异在某一时段,也会出现互为倾斜的现象,即无性别(亦称中性)服装。长发为女子专属,可现在的男子长发飘飘,时有所见;颜色较鲜艳的衣装,多为年轻女性,尔后多行于中年妇女,以欧洲为主。近几年来,中老年男性之装,也较为普遍以淡彩粉色系居多,从大都市向二、三线城市扩散蔓延。但不论穿着怎么变,相互兼容,可性别仍未变(此处排除手术变性)。另一为社会约定。这种社会角色的确定以世袭居多,是封建社会的产物。这种继承先人爵位的荫庇制在我国已被废除,在欧洲还是存在着。如英国皇室,生男为王子,女则为公主。亚洲的日本也是如此。皇室的社会角色仍然存在。这种角色的划分,也称归属性,以皇室贵族血脉为社会角色之指归。

上述个体不须作任何努力,即可获得社会认可之角色。此处正相反,自致性必须通过自身的选择和努力,才能取得其社会角色,如获得处长之社会角色,是由工作业绩并经多项考核(笔试和面试),方可得到任命。教授职称的评定,除外语合格,还须参考论文、著作、指导研究生等个人能力和素质的综合考察的结果。

以上两种类型的划分,由美国蒂博和凯利合著的《群体社会心理学》一书提出。

（二）活跃性和潜隐性

这两种归类是根据个体的角色表现的显隐特色,由美国文化人类学家林顿1936年所著《人的研究》一书所概括且最先使用。他认为,每个社会成员,其人生经历中,尽管要扮演多个角色形象,但在某个时段内,只能扮演一个角色,而这个角色就是活跃的,而其他角色则暂不表现出来,处潜隐状态。这是两个相对的角色,并且会依个体所处的场合、环境而发生转换。每个人就是在角色的转换中,发展了自己,丰富了生活。而每次角色的转换,服装总是在不同程度上发挥着作用。

（三）正式角色和非正式角色

这是根据社会对角色的期望和角色对期望执行情况来划分的。凡是对角色的着装行为方式有明确规范要求,而不能由个人爱好随意穿着,即装扮有一定的规定,不能有随意性,这就是正式角色。如法官、警察、军人等在自己的岗位上履行职责的社会角色时,必须穿着与角色相适应的服装,是法纪所需,显示的是公平、公正,是国家形象的代表,是国家秩序、权力的象征,有助于角色扮演,强化角色行为。医生在岗位上必穿白大褂,那是卫生所需,也是医生社会角色形象的象征。此外,还有相当一部分的社会角色,社会并没有对其装扮行为作出强制性的规定,个体可以就自己的社会地位和社会期望,由自己根据需要来选择,即着装可以自行其是。这种情况占现代社会生活着装的大多数,即自由选择自己的着装形式。此即为非正式社会角色。

三、角色行为模式

角色行为模式是个体所处社会地位和心理特征及主观能力的综合表现。角色理论研究,就是对角色行为模式形成过程的研究。

（一）角色准备

个体在履职前的角色行为的准备,主要是通过学习的方式,使自己从思想、心理、能力等方面,做好履职之准备。诸如所履角色的权利义务及其角色行为的规定性(或约定性)和形象特征。简言之,就是对角色观念的准备,为了使所履之职能有更好的效率,学习自然必要,而且必须认真地学。同时,还应加强角色技能的学习,"工欲善其事,必先利其器",这里的技能就是"器","器"者,工具也。没有工具,或所使唤之器具已落伍(不被社会认可之器),于职务角色的履行也是很不利的。所以,必须要把技能这个基础夯实。这是现代社会对角色的基本要求。只有与时俱进,才能有较好的角色行为。

（二）角色期待

角色期待指社会群体对某特定角色行为模式的期盼和希望。角色期待有助于角色行为的形成和发展。因为人们多是在别人的期待中工作,希望自己的角色行为能在社会相关群体引起注意,产生期待效果,使个体和角色行为收到预期效应。社会的各个领域都存在角色期待,从某种意义上说,角色期待的程度越高,该领域的社会影响和经济效益就越大,越能集聚人气。在服装活动的颁奖典礼上,人们对服装设计师的着装形象有着较多的期待。因为他们是时尚潮流的创造者,他们自身的装容仪态,往往反映了他们对时尚的把握程度,及其着装艺术的修养。而明星们的着装更是人们所期待的。每届奥斯卡颁奖晚会,众星们的着装更是人们十分关注的,相关媒体还不时爆出其中内幕新闻,揭晓时更不吝版面,予以评说。其最佳着装的形式,很快风靡市场,大受追捧。每年奥斯卡金像奖最佳女主角之礼服,往往是获奖的第二天,其克隆装就行销市场。这种异于常态的衣装行为,人称期待效应,也即"皮克马利翁效应"。皮克马利翁为希腊神话中的一位雕刻家,他以象牙精心雕刻了一个美丽的姑娘,由于他对雕像所倾注的心血和感情,最后竟使上帝为之感动,遂赋予雕像美女以生命。因此,角色期待是很重要的一个环节,充分挖掘和发挥它的作用,将会对服装设计和市场发生较好的促进作用。

(三) 角色扮演

人际间的交往之所以能够进行就在于角色扮演。因为人们所使用的交往符号能够被识别和理解,而处此环境的角色能预知对方的反应。这种预知的能力,往往称为"心灵",并就此发展为"自我"。而这是角色扮演成功与否的关键。该"自我"担负着对角色期望认识的传递,及其角色扮演方式和形成,以致在互为影响中形成的自我形象,即"角色意识"。正是在这个过程中,服装作为一种人们熟知的符号,为个体角色的获得起了不小的作用。电视剧《千钧一发》中有个在医院的情景,董勇饰演警官,为其师傅副局长(腐败分子、黑恶势力保护伞)陷害,为逼其现形(挖出内鬼),谎称在去换药时巧遇送快件的(内有该副局长护黑目击者,也是不法分子请求、要挟其摆脱公安追捕),就垫付20元而代收。正是这个设计与病人之角色不相符,而天机被破:哪有身穿病员服换药兜里还放钱包的?!

当然,每个人所承担的社会角色,不会是单一的,他同时会兼有几个角色,且相互联系,相互依存,相互补充,不能孤立存在,这种个体角色的多样性,称为"角色集",即多种角色集于一身。因为角色在社会总是处于互为联系、依存之中。研究表明,角色集分为两种:一为前述个体的多角色性,是个体内部关系的区分;另一为人们相互间角色关系的强调。人们之所以能识别对象所属社会生活的某个层面或从事何种职业,那是其人所扮角色之穿戴,透露出个中信息。即服装在改变角色形象方面具有特殊功能。

服装在整个现代社会的发展过程中,不论其功能如何特殊,总是社会的产物,是科研的成果,相信在今后的岁月还会有更多这类服装问世。但服装的基本功能是不会变的,那就是服装的社会角色。莎士比亚说得好:"所有的男女都是演员,他们有各自的进口与出口,一个人在一生中扮演许多角色。"这许多角色是少不了服装这个外在形式因素的,并互有影响。这就告诉人们,服装角色功能就是一种传递信息的特殊语言,每个人都想学会应用这种语言,使各自的工作、学习、生活更充实、更丰富,这就是服装与角色的对位问题,即穿着适合自己角色的服装。

第三节 角色着装功效

社会上的每个人就身份而言,往往同时扮演几种角色,并非仅仅是一种;而且据传统来说,还可有正面和反面角色之别;某种条件下,因处理不妥或难以尽善,角色还会发生冲突,且这种冲突尚有角色内和角色间的区分。这就是角色的多元性。

一、角色着装多元性

个人在社会交往中,由于工作的关系,多会出现角色行为的多样性,即角色丛。因处理过程的失当而造成角色间的冲突,反而妨碍角色行为的正常开展。所以,人们往往借服装以增强自己的角色效应。

(一) 角色丛

由于角色的社会地位而生发出多重身份,人们在交往的互动中,其着装形态会因时间、地点、环境的不同而发生改变。这种角色行为的多样性,也称作"角色丛",即在互动的社会群体中,与之相联的所有角色的集合体。这里说的角色丛,"其意思指处在某一特定社会的人们相互之间所形成的各种角色关系的总和。因此……社会的某一个别地位所包含的不是一个角色而是一系列相互关联的角色,这使居于这个社会地位的人同其他各种不同的人联系起来。"校园里胸佩红底白字、白底红字校徽的人,分别扮演了教学人员(含行政管理)、学生这两个角色。这里,角色扮演的不同,其着装形态也各有差异,从而构成多种多样的角色关系,即为院校的角色丛[1]。

(二) 角色冲突

社会生活中的个体都有各自特定的角色丛,在与之关联的角色中,都会对相应的角色有所期待,且因彼此间的期望而产生矛盾,以致不同角色间产生冲突。所谓角色间冲突,是指个体因时间、精力、客观环境等条件的限制,难以同时满足这些角色的期望。现代企业、公司的好多女性,因其出色的岗位角色的表演,或提拔为总经理,或部门主管。这时,其社会角色是职业经理人,对企业负有一定的责任;而对家庭而言,该女性还是位母亲、妻子,且有双亲在堂。这企业之外的角色,都会不同程度对她有所期待,这势必造成无法同时实现自己的角色,而产生矛盾、引发冲突。

角色冲突的不可避免,普遍表现为家庭角色与社会角色的冲突。有句顺口溜较为形象:"娘子在单位是老总,回家要'消肿',莫把老公当员工。"这意思很明白,太太下班到家还未从企业负责人这个角色中完全退出,仍然如在单位那样,"指挥"起了老公,这自然要引起老公的不满,从而引出如上述诙谐之怨语。与此相反,某职业女性回家后,即换下严谨、雅致之行头,代之以随意、柔和的装束,麻利地操持起家务,呈现一个家庭主妇形象,与居家之亲情、闲适的氛围相吻合。此种着装行为的前后不同,是为适合角色的环境,以更好地履行角色之职责,从而缩短与角色间的距离感,即以装束创造角色价值。

(三) 角色着装效应

个体常以着装为媒介弱化与角色间的距离,以期营造协调感和亲近感,俗称"人靠衣装",学术谓之实现角色着装效应,使自己在人生舞台上增光添彩。这种与角色身份、地位相适应的着装功能,有的著述定名为正面角色,即忠诚角色,反之,称为非正式角色,也叫隐蔽角色。这后者具有欺骗性,此种情形在生活中也是常有之事。为了扮演某一特定的社会角色需将自己的正式角色隐蔽、隐藏起来,以迷惑他人,以服装的角色效应实现之,使其具有欺骗性。二战时期,敌我双方的特工常用之招数,即以着装改变形象,完成新角色的扮演,以取得对方的信任,而使所负之责得以顺利进行。这个装扮过程是须精心准备的。其中德国一著名间谍,突破重重关隘要

[1] 周晓虹. 现代社会心理学[M]. 上海:上海人民出版社,1997.

塞,终于深入英军重要军事基地,但因其衣扣缝制形式不同,终致身份暴露而被擒。英军纽扣缝线穿过四小扣眼成平行线,而该间谍衣扣之缝线,则为交叉十字形,以致露出了马脚。可见,这样的装扮必须是十分仔细的,不能有丝毫的疏漏。

二、角色着装原则

随着社会的发展,因礼仪需要,角色的穿着也讲究原则。而平时之装,多随意宽泛,或突破规范,或角色兼容,男女模糊。这是衣装真正人性化发展的体现。

(一)TPO原则

现代社会的快速发展,使人们的着装也同时进入到一个新的领域。这缘于时尚文化的广为普及,且民众了解、接受日渐增多,从而使着装日趋新潮化、时尚化。时间(Time)、地点(Place)、场合(Occasion)这三大原则(TPO原则),也为人们所普遍认同。人们往往身体力行,穿着、装束多讲究个人角色,与场合、环境吻合,不致有失身份。正式场合,着装必然规范,中外皆然。日本小泉内阁防卫大臣是位时尚女性,但她就职时却是职业化装束,引起舆论的注意。政府官员是如此,商企成功人士,教授学者,也概莫能外。就是平民大众,参加宴会、庆典等,其着装亦会斟酌有加,以免遭人嘲笑。这显示了角色着装的个人素养。我国30年来的服装文化的发展,于此很显著。所以,TPO着装原则,已成为角色人等的普遍行为准则。这是全民衣着文化水平提高的表现。

(二)宽泛随性

开放的社会,还给着装带来更为宽松的环境。穿衣是个人的事,是生活、经济、文化、修养等的综合反映,随角色个体随意自由穿戴,是心境开放平和的反映,是轻松和谐社会的个人集中反映。因此,在着装原则的大前提下,人们的着装越来越具随心、随意性,可谓随心所欲,并非刻板不变。特别是年轻一代,他们的着装颇多为心情所驱使,衣装的短露肥长、错位配置,亦称"混搭",是个人性格之使然——穿出各自的情态。如过臀长衣外配短衫,似不合常态,可近年颇为流行。往年是短裤穿在长裤外,而今在外的却换成短裙了。更有人看不甚明白:裙与裤分属两类,竟合为一体,真成裙裤了。然而这却是穿着文化个性之显露,穿出层次、错落感。当然,这是社会开放宽容心态所催化。也可以这么理解,"混搭"随性,也是对固有穿着方式的一种拓宽、延展,是人们穿着样式丰富的新尝试。

(三)角色模糊

这是指男女着装的相互兼容,体现个性的又一方式。生活中的男子装扮女性化和女性衣饰阳刚化,是为追求某种时尚,为充分展示其个性服务。此为角色识别模糊现象。而有的著述则称之为"男女互化"。"互化"论者认为,是社会发展使两性角色在职能和内涵上接近并趋同。因为男女社会地位平等,承担相同社会责任,即两性的社会职业几乎接近;家庭分工不再严格,彼此都可以替代对方;传统性别偏见已臻消失,特别在大城市和知识界,很少有重男轻女现象发生。这样,"做女人要美丽,做男人要成功"的所谓忠告,可就有性别歧视之嫌疑了。以此来看,两性的角色模糊、"互化",那是时代的发展、科学的进步,是多学科交叉、边缘学科等理论推动的物化,是服装角色多样性的具体化,更是服装功能多元化的重叠[1]。再就生活阅历而论,刚毅之

[1] 孔令智.社会心理学新编[M].沈阳:辽宁人民出版社,1987.

士不乏温柔之心，柔弱女子尚显男士之刚气。心理学家还有更多相同的研究结论——"男女兼性"。这表明，男女之心理，本身也不是完全对立、水火不容的。

近几年，角色着装也随社会发展而不断变化，款式变化之大，有目共睹。色彩变化，更是显而易见。女装的多姿多彩，自是常事常理，可男装也有此种迹象。传统意识表明，男子成年后，着装以沉稳为多，以显其稳重之情态，特别是那些年过50的男士，衣装之色更以深色为主，间或米、灰辅之，鲜艳之色决难见到。可如今，中年男子粉艳之色、淡彩之装，见之普遍。道理何在？心态年轻！就此缩短与年轻人的距离，也即角色着装功能不断发展和内涵扩充之所致，是服装文化在新时代条件下的新面貌。

三、定制服的角色风采

针对成衣款型的不足，舒适性欠佳的实际，为满足高端人士穿着更具个性化的需求，定制服也就应运而升，使服装更适合穿着者。

（一）定制服之缘起

一是高端时尚享受的必然。成衣款式虽多，但毕竟是批量生产，可真正合体称心的还是较为难觅。有时尽管看得满意，可穿上身终觉某些地方不合适，就是连试几件找不到一款，心中难免懊丧。再者，就是花了精力总算觅到一件，但走到街上，还有撞衫之虞。这是穿衣讲究之人的困惑。于是，定制服装就此应运而生。

二是个性化的需要。美国消费者协会主席艾拉马塔沙说："我们现在正从过去大众化的消费进入个性化消费时代，大众化消费的时代即将结束。"[1]定制服就是满足个性化消费的需要，而标准化、流水机械作业生产的服装，正是牺牲了服装的个性。同时，它还是市场细分达到极限时的产物，把每个顾客当作一个细分市场，充分了解其特殊需求，以需定产。顾客参与设计定制，既能享受适合自己的产品，又有参与设计的成就感，更无库存之忧。目前，服装定制业似有进一步扩大之势。美国的IC3D（交互客户服务公司）和Levi's两公司，应用得较为成功。

三是社会发展的需要。明星、名人、杰出人士和社会各界有影响、有地位之人，多以定制服为自身之装备，以显示自己的与众不同。最为显著的要算奥斯卡颁奖典礼，获奖呼声高者，大多有备而来，集中体现的就是服装的定制。有些影星更是聘有专业的设计师。我国都市型城市也有如此的倾向，如北京、上海所举行的时尚性的盛大典礼，获奖者的服装多来自定制机构。而步入婚姻殿堂的男女双方，对人生这一重大之事，往往非常重视，定制礼服就是具体方案之一。

四是社会发展、生活稳定，衣装多求品位，以满足审美上档次的情结。这是定制服得以兴起、展开的社会基础。30余年的改革开放使我国民众的生活水平得到了极大提高，而城镇化率达40%多，这极大地刺激服装消费转向对品牌和时尚的追求。恩格尔系数（即居民家庭食品消费支出占家庭消费总支出的比重）显示，农村居民为43%，城镇为35.8%，消费结构升级趋势非常明显。占消费主体的25～49岁人口比重由20世纪90年代初的32%上升到2004年末的41.4%，以青壮年为主体的年龄结构决定了我国进入消费快速增长期。所以，人们标榜生活品质高档化，衣装是体现之最好形式，集财富、品位、身份、审美于一体，是持久随时炫耀的好方式。

[1] 李晓霞.消费心理学[M].北京:清华大学出版社,2006.

因此,定制成了新时尚。

(二) 定制服更立体

批量成衣生产,考虑的是操作的便利和成本的可控制性,省工省时是必然考虑。大力提高机械化程度,尽量标准化,这样,速度是提高了,效益也实现了,但每一个人的个性、服装的舒适性难免被牺牲。尽管现代纺织机械科技水准已相当高,可高档服装制作还是须手工工艺。人们虽不一定要追随巴黎高级时装的工时数,可权威人士指出,手工工艺所占的比例,往往决定了一套服装的高档程度。越是高级的服装,所用的手工也就越多。

面料的实际情况,也须手工操作。现在高档面料往往是高支、混纺,造成面料特性复杂,唯有手工才能进行细致调理,才能服帖。手工的根本追求,就是让服装更立体。机械制作只能对面料进行平面处理,服装定型手段虽很发达,经过多道技术处理,套在衣架、模特上是有型有款的,或帅气、或漂亮,但毕竟是机械产物,穿起来还是不及手工缝制。

据了解,每套定制西服大致需要经过 165 个独立的精细工序,由技艺高超的裁缝师缝制而成。有的仅一件上装,就需要组合超过 200 块布料方能成型,其内部结构还可采用特殊前襟装置,经常穿着,经久常新,与穿着者体型成契合美。定制完全可以按个人风格、特征进行选择,如腰线、胸部轮廓、肩线、兜袋亦由自己决定,平、斜,开衩部位,驳头尖、平,都是从个性出发,还经多次试装的修正、完善,直至满意为止,即穿着具有更立体、更合体的优势。

(三) 衣配人更舒适

优秀的手工定制服装,挂在衣架上不一定显眼好看,但穿上身一定会很舒适,这是机械生产所难以企及的。服装造型是讲线条结构的,可这线条由许多弯曲和弧度构成。弯曲、弧度线条的处理,机械力是无法妥帖的,只能由手工承担;其微妙处唯手工方能以精道、自然而臻善。裁剪如此,缝制亦如此。行家们常说,上装之胸衬一定要立体,这样穿时才不致走形。达此效果,胸衬须手工裁剪缝制成型。因为,其中变化精细处,机械无能为力。再者,上装的下摆,手工的精细处理会形成一定的凹陷感,能立体地迎合人的身体。这样,穿着时既不易变形,更增加舒适感。

讲究穿着的人多有体会,往往说衣服的舒适感很难用语言表述,但穿过舒适的衣服之后,你再换件普通的衣装,差别马上就会觉察。所以,服装款式是重要前提,而舒适更在其先。追求高品质生活的人,服装的舒适性是最重要的,款式易得,舒适颇难成就。

再从服装生产过程来说,有个人配衣、衣配人的问题。成衣属人配衣,穿着合身是碰上了,运气好,体型较为标准;定制则是衣配人,每个环节都在配合着人、适合着人。因为每个人的身体状态都是独一无二的,这是本质的区别。当然,要使衣配人,成本自然要高;定制虽不是每个人都需要的,但是每个人都在向往、追求的。这是社会发展导致生活的必然,既如此,就得做好享受的准备。

当然,量体定做的服装,价格不菲,是个不小的数目,但人们为追求那份独特的感受,还是有人愿意。一款定制服,面料高档不是唯一,仅是基础而已,关键在于手工技艺,包括优秀的工艺手段、裁制缝合、试穿整理等这整套的程序,方能成为合身的可穿之装。据此可以说,手工定制服是技术和艺术的综合,而就穿着而言,它更是一件艺术品。所以,说定制服装是奢侈的,似没什么不可,它达到了穿着最终目的——舒适,服装的舒适就是合身应心,穿起来没有异己感。

事实上,定制业务的开展,也是转型拓展市场的一个好方法,既有新业务,更有市场面的扩展,借以扩大、占领新消费领域。国内有影响的男装企业具体运作较早,它们把定制业务开进了商务楼。在2008年,报喜鸟集团就在北京、上海、深圳等地的写字楼,开出多家"bono tailor 社区定制店"。时至2013年春,庄吉打出"高级定制不再是迷"的口号,把定制店开进高档社区,避开国内一线城市、高端商场,以二、三线城市为主,满足男士们的不同着装需求,衬托他们职业、交际、休闲之角色风采。这既省却闹市经营的高额费用,还可摆脱赢利等于库存的不利局面,更是对楼宇经济的参与和贡献。这是值得研究和实践的新领域。

第七章

服装发展品牌化

8亿件衬衫出口的利润，只能换回一架空客A380飞机。在国外旅游或出差公干，给国内朋友捎带礼品，请千万看清楚产地，否则可能就买回一件"Made In China"。还有资料显示，全球每三件出口服装，其中一件就来自中国。这里无半点非议之意，而是"中国制造""繁荣"了全世界。在欧美国家，人们很难找到一件中国品牌的服装。在品牌上我国处于劣势，赚取的仅是不多的血汗加工费。鉴于此，本章就品牌形成、发展，品牌与市场及中国品牌的创新之路等进行展开，阐明中国品牌的发展与经济强国之关系。

第一节　品牌形成和发展

　　生活水平提高了,人们的衣着自然也讲究了许多。平时常听同事"你这衣服是什么牌子的"的询问,可见,人们对服装的牌子开始重视起来。商店里更常见顾客对着吊牌在仔细琢磨之情景。

一、关于品牌

　　人们口头常说的"牌子",其学名叫"品牌",是眼下不少人所熟知的一个名词。那么,什么是品牌呢? 美国市场营销协会(AMA)是这样定义的:"一个名称、名词、符号、象征、设计及其组合,用以识别一个或一群出售者的产品或劳务,使之与其他竞争者相区别。"这表明,品牌是个内涵较广的概念,简单说,包括名称和标志(识)两部分。

　　品牌名称是货品的制造商或经销商,为了使自己生产或出售的商品或劳务易于识别,并与竞争者生产或销售的商品或劳务区别开来,而给自己的货品或劳务所起的名称。这名称以一个字或几个字母组成,若是外文,也可以是几个字母组成的没有任何意义的文字,但能够用口语来发音,例如著名的时装品牌 Christian Dior,而其所在的公司则是劳务的名称。

　　品牌标志(识)是指品牌中可以被认识、识别,但不再是直接语言称呼的部分。品牌标识往往是某种符号、象征、图案或其他特殊的设计。迪奥时装以 CD 字母组合作为品牌标志。

　　品牌名称和品牌标志经向政府有关部门(商标局)注册登记之后,获得专利权,受到法律保护就称为注册商标。它存在于市场活动的联系和关系之中,名曰"无形资产",属于知识产权的范畴。实际上商标是一个法律名词,是经过注册登记受到法律保护的品牌或品牌的一部分(图 7-1)。

图 7-1　中外著名服装商标图案

　　其实,品牌这个名词也是近一二十年才逐渐被人们所认识的。当年,人们只以牌子相称,尤其在北京、上海这样一些商业文化和商业氛围浓厚的大都市,人们是很讲牌子的,且很看重地区的文化特征。自 20 世纪 80 年代以后,欧美商品和营销理论的导入,"品牌"之概念才慢慢在国人中广为传播,并深入到生活领域的各个方面,且发挥着越来越大的导向作用。

二、品牌发展

品牌和商标的概念,随社会的发展而日益受到市场和消费者的关注。人们的购物,受媒体的导向作用,往往先问牌子,已成为购买商品的主要因素或先决条件,品牌的市场状况,往往左右了人们消费的成功率,这就是所谓的名牌效应。

(一) 名牌产生

名牌,是指达到一定市场知名度的品牌或商标,因质量、款式获誉市场,为广大消费者认同,遂使消费效率大增,牌子因而有名。因其是好的、优秀的产品,创出牌子,市场因牌子认识产品。这样,产品开发与名牌效应便步入良性循环的发展阶段。

这里,名牌的内涵很丰富。它不仅是优秀的代表,而且更是生产者、经营者创新性劳作的智慧结晶,是他们对消费者需求的精益求精的体现,以及千方百计的满足。同时,名牌还是企业实现经济效益的源泉和重要支柱,是企业形象和信誉的代表。实践证明,名牌产品可以使企业快速成长,亦更利于企业产品的研发和推广。不过,要想使产品成为名牌,那是有许多条件的,产品的质量自不必说,市场占有率、知名度、美誉度等方面,都会有相应的要求。

(二) 名牌与驰名商标

名牌从某种意义上讲,是种广告用语。就市场来看,尽管名目繁多,但最终的裁判,是消费者的认可程度。作为名牌的驰名商标与名牌在概念上有较大的区别。驰名商标一定是名牌,是名牌中的著名者,可名牌不一定是驰名商标,还有提升的空间。驰名商标是规范化的法律用语,各国法律基本都有专门规定。驰名商标是依照《保护工业产权巴黎公约》的规定,依照职权或利害关系人请求,商标注册国或是使用国商标主管机关依照法律程序认定的。

驰名商标在法律上可受到较多的特殊保护。比如,驰名商标即使在国外不注册,也能得到该国的保护。一般商标只是在同类商品上不能与之相同或相似,而驰名商标即使跨种、跨类也不能与之相同或相似。我国已经开始了驰名商标的评审工作,虽在第一批公布的14个驰名商标中,没有一个服装牌号,但如今已是屡屡可见,说明品牌建设在我国的发展还是很快的,且颇有成效。

(三) 品牌分类

品牌是市场的宠儿,为人们所喜爱,是消费的抓手。上升到国家层面,品牌是国力的象征,是国家综合实力的体现。衡量一个国家经济发展程度可以有许多标志,常见的有国家统计指数、城市建设速度和市场繁荣程度,而更深层次的反映则是品牌(名牌)的拥有量,必须做品牌强国,做名牌大国,只有名牌才能跻身世界,才能在世界经济事务中有话语权。品牌是衡量国家实力的标志,即加大品牌建设的力度,是我国企业发展的重要任务和目标。

根据国际品牌发展的实际情况及我国品牌建设的现状,品牌的存在形式比较多样,或以家庭、血源为纽带,经过较长的市场演变而形成品牌族群(范思哲);或以产品延伸形成品牌组合(夏奈尔);或在发展过程中,品牌队伍不断扩大,形成一个品牌团体(波司登);或品牌产品品种扩大,延及服装的多个大类(恒源祥),等等,可谓构成了一个"品牌家族"。而奢侈品品牌,作为品牌中的强者,更是其中重要的分支,是不能被忽视的市场强者,另设专节讨论。

第二节 品牌—市场—护照

某品牌要进商场,招商人员总要问及做了几年、在哪些城市(进过上海、北京的某些知名商场,洽谈会更有利些)、适合人群等内容,而消费者在购买某牌子的服装时,也要打听衣装销得如何、他人的反映等信息,而作为品牌持有者、经营人等,考察时往往也会多方了解与品牌相关的市场资讯。这几方面的情况表明,品牌好似进入市场的"通行证""护照",没有这些要件,你的产品就是再好,也绝不会有合适的市场待遇。这就是现代市场的严酷性。

一、市场发展的需要

品牌作为现代社会的重要支柱,是现代社会经济发展的产物。就中国而言,和改革开放关系密切。为了说明方便,有必要对此前的社会经济作必要回顾。

(一)货品丰富爱"挑剔"

新中国建立后,货品缺乏,实行凭票供应(1954 年 9 月 15 日,政务院决定:民用消费用布实行凭票限量供应),穿衣要布票,各种日用品也有相应票证。身处那个时代的人,能把票证兑换成可穿、能吃、好用的具体实物,已是非常惬意之事,哪还会对货品本身发生质疑,能得到就相当不容易:货物少,缺乏竞争,是那个时代的特点。1978 年之后,国门开始打开,外部世界的精彩都涌进了人们的生活,包括衣着在内的生活必需品,一下子满足了人们那种激情、汹涌的购物潮,布票也就于 1984 年被废除。衣装的选择和购置,成了时人的重要谈资。西装、夹克、牛仔装、时新女装,成了人们的必备行头。服装成了社会的热门商品。好多人也从中悟出了商机,走上了发家致富之路,有的还发展为行业的标杆,品牌创始人。服装亦大量涌现,人们对衣装开始"挑剔",即品牌意识已经萌动,人们对服装有了品牌的意识。

(二)品牌意识促发展

服装的大量生产,造成质量等差现象的存在。假货、劣品和正品同处一个市场,极大地伤害了人们的消费热情。人们因而对衣质品位开始重视、关心、讲究起来。有眼光的服装生产商面对较为混乱的市场,率先对服装质量进行规范,再从面料采购、款式设计上出新,使产出之货品引人注目,以期收到胜人一筹、出人意外的效果。这就从货品竞争发展为品牌打造。没有牌子或牌誉不佳,其市场份额难以确保,还有可能被边缘化,甚至被挤压出局。活跃于 20 世纪 90 年代中后期的不少服装品牌,现在已有好多听不到、看不见了。市场竞争的法则关键在品牌,有牌则胜,牌誉佳则更获市场好评、追捧。这是国内市场竞争激烈,导致品牌地位上升,乃至成为服装企业发展根本之所在。所以服装企业必须走品牌发展之路。

(三)国际品牌"抢逼围"

国际品牌陆续进入中国大陆市场,更促使国内品牌竞争的加剧。皮尔·卡丹 1979 年带来了他的服装,使闭塞多年的中国人眼界大开。随着国外品牌源源不断地进入中国,特别是国际一线品牌及其副牌,大多在中国市场有销售。这些国际品牌以其较为广泛的市场知名度、运作思路、品牌背景、推广造势的力度,很容易入驻国内的知名商场,而且占据较理想的经营场地。发展是硬道理,牌子硬就有话语权,还享有好多优惠条件。牌子好,就能在市场上畅通无阻。这是国际品牌给中国人上的深刻一课。21 世纪的商品,必须是品牌商品,否则市场难容。

二、品牌的文化内涵

品牌作为商品价值的体现,属无形资产,其核心是某种文化的凝结,往往具有吸引人的巨大魅力,是人们产生品牌崇拜感的内在动力。

(一) 品牌文化

所谓品牌文化,是人文特质在品牌中积淀、传达某种生活形态、赋产品以生命力的无形资产,是品牌最核心的 DNA,因此有服装品牌灵魂之称,蕴涵着品牌的价值理念、品位情趣、情感抒发等精神元素,是植入心灵、触发消费的有效载体。品牌经营管理的产品开发、营销渠道、广告宣传、店铺陈设、销售待客等各个环节,都必须体现服装品牌文化的内涵。

常听人说,某某牌子的服装,怎么看都觉得有味。注意,这里的"味",可不是味觉的味,而是品味、意味、韵味,是富有文化含义的百姓表述法。人们在选购衣装时,往往有左挑右看、顺带比划的习惯,其间固然有款式合身与否的考虑,但更多的恐怕还是对其品质的琢磨,这就进入了服装品牌、文化的层面,希望对服装的文化倾向、内容有更多的了解,所以,现今的服装消费,其物质消费方面正逐步弱化,而文化消费的因素正呈上升趋势。因为服装是消费者自我展示的物质载体,表达的是一种生活方式和价值观。这就是服装品牌的文化体现及其感召力和影响力——向消费者展示品牌魅力,促进供销模式稳定,使消费者产生品牌崇拜的感性体验。

(二) 品牌文化形成

中国服装的生产量和出口量均为世界第一,每三件世界出口服装中,就有一件来自中国。但这仅是数字上的强大,而真正在全球服装经济中发挥作用的,应该是服装品牌的崛起,是品牌文化的崛起,即须有深厚的文化底蕴,诸如风格、精神、气质等,这是构成服装品牌文化的主要因素。就市场实际而论,品牌文化内涵之形成,一般有自然积淀式、个性投射式和策划赋予式诸种。

自然积淀式。随时间演进,品牌服装所演化的精彩故事和趣闻逸事,成为品牌联想的组成部分,并成为后人记忆中的某种文化象征,其整个过程中的精华共同累积为文化内涵。美国的牛仔服 Levi's 最具代表性。它使人明白,品牌文化靠的是积累,须有长时间的积累。创品牌文化,不能急,不能一蹴而就,要有相当的耐心。

个性投射式。国际著名品牌,个人自我的设计在服装品牌上留有相当强烈的印记,即品牌如人,此为设计师品牌,属品牌理论中的品牌个性。如法国克里斯蒂昂·迪奥、夏奈尔,意大利的普拉达、阿玛尼,美国的卡尔文·克莱因和拉尔夫等。他们服装的含义,是设计师个人对服装的理解和个性等自然而然地投射到服装上。心理学研究表明,人的个性稳定性较强,它必然会在服装设计中有所反映,这就是人们常说的风格,具有设计师个人的理想。

我国也有值得重视的案例。"好的服装就像自己喜欢的女人",这句经典话语,出自福太太品牌总经理陆克明。把服装和女人相连,可谓进入了服装设计的最佳境界。他把自己对服装的理解、个人的感受完全投射到自己品牌服装的设计中,从而形成饱含个人见解的品牌文化。

策划赋予式。由策划公司与企业高层管理人员进行多次交流和沟通而设计,尔后请明星代言、集中做广告,转眼品牌就产生了"文化",具有明星文化的特征。这是国内用得较为普遍的一种。随着品牌建设的深入,以后尚有更多、更重要、更长期的事要做。即如怀孕一样,受孕只是生命的初始状态,尚有 10 个月在母体的孕育,每个阶段都须有相应的保胎措施。一朝分娩,事情就会源源不断了。父母对儿女的操心是一辈子的。品牌也是如此。一位开拓大陆市场很有建树的台资服装品牌老总陈福川不无感慨地说,做品牌是终身的事业!

还有种观点把品牌当"儿子"的,即品牌文化内涵的培育,视同对儿女的抚养。品牌与子女相联,这说法既有新意,也符合国情,更具深刻性,通俗易懂。我们中国人对儿女的养育,可谓是小心呵护,尽心尽力。现代的年轻父母,不论自身条件如何,多是给予优质的喂养,并辅以智力开发,自己可以省着,不能亏了孩子。上海"蔓楼兰"旗袍公司老总裘黎明,就是用养育儿女的方式来培育自己的品牌。试想,有这样的心智,品牌文化能不出类拔萃?

这是服装的文化属性上升所致。服装正逐步成为文化衍生品。消费者早已不再简单满足于产品的质量和款式,更多的表现为对品牌所传出的文化信息、品牌文化等的认同度,这是决定消费者品牌态度的关键,更是参与日趋激烈的竞争环境所必需,即规划和创建有渗透力的品牌文化才是决定竞争结果的核心。"真正的品牌意识不是靠外界强加给我们的,它一定是一种生命的自觉才靠得住。"打个比方,就好像母亲在女儿出嫁前,总是反反复复、仔仔细细地为其进行细心装扮。那纯是自然,发乎本性的[1]。

第三节　中国服装品牌的创新之路

进入 21 世纪,品牌是国力的象征,越来越成为世人的共识。她像一个人的脸面那样受到重视。既然品牌已上升为国家经济实力的高度,那其拥有量的多少,直接关乎在国际事务中的话语权。现代商业竞争体现于品牌,是品牌时代经济,比拼的都是名牌的拥有量,特别是在国际上被广为认可的品牌。谁拥有的数量越多,在国际交往中谁就能受益越多,包括被认同、礼遇,受尊重。所以,发展众多的品牌,已成了强盛国力的重要举措。诚如邓小平所言:"我们应该有自己的拳头产品,创出中国自己的名牌,否则就要受人欺负。"我国各相关行业都在积极开展自创品牌的活动。服装行业更是其中最热闹的一个。从政府高度重视、出台相应措施,到各类品牌活动的相继跟进,全国范围的大力推广,使国民认识到品牌的作用和价值,从而促进了中国品牌的培育。

一、潜心练内功

品牌是商业的文化事业,既是文化,就得按文化的规律办。凡文化者,讲究的是历练,无定量的历练,必失之浮躁,无根基。这就必须讲究内功的锻炼。内功修炼,是武林术语,讲究炼气、养气,有一套很严格的规定,否则,不但不能达到理想境界,还会对身体有所伤害。打品牌,也应像练内功那样,开始基础扎实的品牌运作,包括品牌管理、营销通路、推广策划、售后服务等。每一项都有很细致而深入的工作要做,要有耐心,扎实于每项事务,不能浮躁,一蹴而就不可能,一口吃不成胖子,这是谁都明白的道理。目标应远大,争世界名牌,须落到实处,从省市名牌到区域乃至整个中国,要一步一个脚印,即脚踏实地做品牌、练内功。从开始做品牌就应该进行规划,着手基础性、多形式的活动展开,经长年的积累,品牌的市场知名度也就会逐年叠加。市场

---

[1]　丁邦清.品牌成功链[M].北京:机械工业出版社,2007.

经济条件下,品牌成功与否,消费者说了算;消费者不认可的牌子,再有怎样的精彩光环和耀人的冠戴,都无济于事。市场是品牌、名牌的试金石。

■ **阅读资料**

创品牌从企业诞生开始

大凡做企业推产品,总想做成个品牌。可从业人员尤其是高层管理者,却有个不成文的看法,即做品牌、乃至品牌推广,花钱不菲,企业初创需要花钱的地方又多,待资金积累到定量之时,再着手品牌推广、品牌文化等的建设。这似乎成了创业者的经验之谈。但往往有例外。上海烽凰文化传播有限公司(www. fenghuangsh. com,简称烽凰文化)据自身的运营实践,对上述的"经验"给出了相反的例证。

烽凰文化首席运营官丁丁很干脆地说:"这是一个误区,任何企业的品牌推广都应在产品诞生之日起开始,从产品命名开始。日积月累的推进,品牌才会有持续发力的可能。"她认为,即便经费不丰裕,那些不收费的百度词条、百度知道、微博等形式,还是可以用来作免费推广的,即要善于发挥现代科技传媒的功能,为自己的产品进行品牌推广。几年后即可以常见的推广手段,通过营销这一重要环节,扩大品牌的影响力和增强品牌的美誉度。诸如新闻、公益、娱乐化等形式的综合运用,就能收到事半功倍的效果。且也不必投放大量的资金。

"低成本的事件营销也是方法之一。当然,事件中要有新闻点,就算再小的品牌也能找到新闻点,我们要尽量把品牌和社会热点结合起来,才会有新闻价值……娱乐化传播是当今消费类品牌推广的直通车,比如当年蒙牛赞助的'超级女声'。当然,我们非常反对仅仅是一个品牌冠名而同企业没有任何的互动,这样的投放是事倍功半的",丁丁强调。

娱乐化营销是该公司运用得颇为成功的案例,也是近年来企业品牌营销喜用的方法之一。十月妈咪是中国孕妇装领先品牌,烽凰文化创作的《十月妈咪驾到》,一投放地铁就引发网友热议。歌中将传统的柔情似水的孕妈形象完全颠覆。这位辣妈不仅踩着高跟鞋震撼出场:"十月妈咪驾到,你们统统站到一边,十月妈咪驾到,你有什么问题……",而且"霸道孕妇"嚣张有理,还嵌入了公益营销——"请给孕妇让座!"引起众多媒体对孕妇让座问题的讨论。这首歌风靡各大音乐排行榜,在相继登陆红歌榜中联榜500多家电台数周后,成为红歌榜中联榜冠军。

2012年4—6月,只要在百度输入"中国歌曲排行榜"就会跳出"十月妈咪驾到"这首歌。很多人在KTV看到推荐的歌曲也是《十月妈咪驾到》时,颇觉不可思议:十月妈咪,太强大了吧? 它不明明是孕妇装嘛,品牌推广竟然无孔不入。

这首歌曲引起了彩铃商的关注,为十月妈咪的广告歌投放20多个歌曲推广渠道。能够让别人为自己的品牌掏钱做广告,品牌商真该偷着乐了。烽凰文化的成功案例让企业老总认识到,做品牌的方式方法多种多样,关键是如何把握资金、用好资金,以及品牌推广与经费之间的关系。烽凰文化的实例形象地告诉人们,品牌推广既是门很强的艺术,更是须以耐心坚持为后盾的。

对中国网络童装第一品牌绿盒子的品牌推广，烽凰文化的策略也可圈可点。丁丁力劝绿盒子老总吴芳芳放弃选用七位数代言费的某奥运童星，而选择中国达人秀中有小周立波之称的张冯喜。因为对传播来说，张冯喜更有"记忆"的特点，且广告投放地又是在上海，上海人人皆知张冯喜。张冯喜的一则广告"今天我演我自己，不演周立波"一下子吸引住观众，从而使当年掀起的"绿盒子关注童装安全"成为童装行业事件，并与同期的小陶虹、翁虹、斯琴高娃等众多明星共同呼吁的关注童装安全，遥相呼应。

而对于麦西西童装品牌，烽凰文化不仅创作了《当个小孩不容易》歌曲进行营销，用小孩的呼声引发妈妈的心灵互动，而且在品牌创立之初，就以书籍主打营销，"家有小儿麦西西"是中国第一部记录孩子"每一天"的书，"无敌辣妈"1 095天育儿记，让每一位妈妈都可对照自己孩子与麦西西每一天的成长变化。而书中的故事则是中国儿童慈善大使阮美莉根据自己亲身育儿经历，历经三年终写成。麦西西产品面市之初，这本书已在多家报纸上免费连载。"3个月就可提升品牌知名度。但是要打造品牌力需要的是很长时间的坚持，而且方法要得当，我们要做到的是用最小的投入达到最大的效果"，"最可怕的是企业拿个3 000万直接砸广告，最后效果没起来，全打了水漂。"丁丁说。

我国服装业从改革开放至今，才30多年，发展是相当快的，创造出消费、生产和出口这三项世界之最的辉煌。弹指间取得如此业绩，足令世界瞠目。可千万不能以为，这就了不起了，与世界品牌间的距离就拉近了许多。这是一个问题的两个方面，没有服装生产能力和消费水平的极大提高，社会就缺乏创名牌的基础；没有消费审美水平的提高，创品牌将失去对象。"波司登"被授予"世界名牌"称号时，引来不少冷嘲热讽。殊不知，羽绒服市场世界总量只有200亿元的容纳度，波司登一家就做到了120多个亿，占世界的61.2%。羽绒服仅销一个冬季，一个企业就取得了如此巨大的市场份额。别的暂不论，仅用32年，从产品做起，做出了品牌的个性。一个牌子成了名，其背后的故事是很多的。每个故事都精彩，都是练内功的生动案例。

二、品牌创新"马拉松"

民间有用"马拉松"形容会议长、办事速度慢的，多含贬义。此处取其正面意义。马拉松是体育竞技项目之一，是长跑，比得是耐力，没有耐力和耐心是跑不完全程的(42.195千米)。品牌创新也是如此，要提倡"马拉松精神"，即持久性，否则，品牌的打造很难完美。

所以，列此标题，意在承继上文"练内功"要"潜心"。什么叫"潜心"？就是心无旁骛，不受干扰，坚持不懈，专心致志。正是这样，就需要马拉松精神，朝着品牌创新锲而不舍。总结国际著名品牌的成功经验，时间的锻炼是个必备的条件，没有一个品牌是在很短的时间里就能在世界范围内广为人知。古人说："不积跬步，无以致千里。"现在经营服装十几到二十余年的企业和品牌，各地都有一定的数量，从创牌至今，孜孜以求，不懈进取。他们从品牌产生、产品设计、生产安排、投放市场、营销通路、品牌推广等各大环节，经十几年的市场历练，品牌已然影响一方，成为品牌市场的重要一员。其间的任何懈怠，都会对品牌造成不良影响，从而使品牌建设陷入困境。所以，那些还在继续打造品牌的企业，若再接力长跑，假以时日，在品牌的文化内涵上持续强化，定会成为中国品牌规模发展的主力军。但这是个关键时期，面临困难很多，既有自身的,也有来自同行的,或许还有市场的(含消费者),都难以预料,任一状况的出现,都会影响品牌建设的进程。所以,这时必须要有继续"跑"下去的决心和耐心,继续前行,品牌就有更大的提升,朝向创品牌的中高层面突进。这个台阶跃上去了,品牌就进入了一个新的阶段。水中花,这个以优雅闻名的内衣品牌,转眼就步入了第15个年头。1999年,创牌时许多人都不曾想到,这个源自江南一隅的本土内衣品牌,如今会成为领衔华东内衣市场、并在国内具有强大品牌影响力和庞大终端渠道的知名内衣品牌。其成功的经验是什么? 拥有该品牌的浙江朗姿实业董事长吴永新总结道:"做品牌,就是不见终点的耐力赛!"在漫长的长跑过程中,只有不断地调整姿势、思辨创新、进取不止,方能在激烈的市场竞争中立于不败之地,赢得光彩。

三、迈向中国创造

经过30余年的发展,中国的服装业有了数量上的优势,但远不是质的超越。现在就是需要寻求质的重大突破,即在品牌的创造上要以中国原创为主要内容特色,以高附加值的实现为目标,在中国创造上寻求做大、做强、做久。

首先,要找准不足,产品定位细化。要使中国创造成为主旋律,必先找出我国服装界的现实之不足。仅以温州男装为例作一剖析。被业界视为中国流行风向标的温州男装,比照国际顶尖男装品牌云集的意大利,人们发现,温州品牌男装的生产工艺、设备和技术,已接近国际水平,仅在品牌设计、形象和品牌的文化内涵上与世界品牌差别甚大,有人甚至还断言差距达20年。那么,被我国业界视为偶像的意大利男装进入中国时,又是如何作为的呢? 这主要表现在对品牌文化内涵的演绎之不同。他们重在把握男装的流行理念,突出品牌的品位和细节,并不刻意与"大腕""白领""高管"等人物作什么联想,即着意于产品本身的文化刻画。而我国男装品牌多把自己描述为具有国际品位、即"为成功人士度身打造"的高档品牌。既是如此定位,那就应有必要的阐述,以表明其在社会中所处的地位,然而可惜的是,这方面落墨并不多,就连品牌所对应的生活方式和形式上的形象,也很难见到。这就令人感到品牌形象模糊和产品定位的不确定性。这是品牌宣传推广上的差异,并将妨碍品牌的市场拓展。尽管他们也有定量的产品进入国际市场,但品牌的时尚魅力远不如国际同行。

其次,创造中国个性。随着企业和消费者联系的加强,促使我国服装业由加工和产品经营转向品牌经营,这就是走向自主创新与独立形象的新阶段。须注意的是,人们都说"做大做强"应该立足于品牌的"强大",在于品质和品位的提升。具体而言,就是把品牌消费作为第一位考量,加强产品的明确定位,以设计文化提高品牌原创性的竞争力,从而创造出富有中国个性特征的流行时尚。这里,试以男子着装为例分析之。出于传统文化的延续,以及男士承担的家庭和社会责任的缘故,一直以来,男装多以严谨正式的形象面世,往往给人以单调、压抑之感。如今,男装已悄然发生变化。其风格趋向轻柔松弛,以款型多样、色彩丰富为特色,一改男装的沉闷形象,而透露出男装变革的信息。这既凸现了现代男士的责任、自信、风度、热情和柔情的风范,又不失为男装创新发展的一大亮色,从而推动男装消费市场的进步。中国个性特征的创新,就在男装中得以起步。

再者,文化创新是根本。欧美服装之所以能受世界追捧,到处都不乏热情消费者,到哪儿都享受贵宾的待遇,就在于他们品牌的文化特色,有深厚的文化底韵。服装已逐步从实体型商品转向消费欣赏类次文化。服装应是文化的体现。我国服装要取得世界地位,就必须有中国的文化特色,让世界了解、理解中国5000年的优秀文化,认可中国的文化。正如恒源祥(集团)有限公司董事长刘瑞旗所倡议的"中国文化应大举西进,开启大规模文化'远征'",即通过"文化输出",让外国人知道、明白中国文化的精髓。让他们从心理感知的同义反复,上升为他们生活中的慕拜。中国品牌的振兴就有希望、就有可能了。

我国是服装消费大国,研究他们的消费心理,设计适合的衣装货品,以文化创新服装,引导、满足他们的需求,从而与洋品牌抗衡,是我国服装品牌的创新之本。物质改善后,文化就成了重要的精神追求。取得最后成功的武器是文化。具体而言,研究消费对象,强化消费定位,适应细分市场的需要。有针对性地开发新品,加强目标消费群的认同感和欣赏性。每个特定的消费群体都会形成相应的群体文化。若按职业特性划分,其群体文化可有金领文化、白领文化、蓝领文化等;再按出生年代分,可划出A年代文化、B年代文化等。把这些群体文化元素渗透到品牌文化之中,必将拉近品牌与目标消费群的距离,以致让消费者产生高度的情感共鸣。如以休闲服装品牌为例,其主力消费群体基本为"80后",所以,诸如"运动""音乐""街舞"等文化元素,都会不同程度地渗透到品牌的设计中,以传递和表达"80后"群体的情感需求,让他们在消费中得到情感上的满足。

简言之,面对广大消费人群,发掘出与各年龄层相适应、切合时代特征、有生命力和影响力的中国元素,创建对目标消费群有渗透力的品牌文化,赋予品牌以文化内涵,使古老传统推陈出新,这是我国品牌创新的核心。中国服装文化建设的推动者潘坤柔教授说得好,待到世界服装看中国,我国的服装业就大有希望了。HugoBoss集团董事长兼CEO布鲁诺·塞尔策说过,不要像以前那样,一年5次跑意大利,现在只要去一次就可以了,余下4次到中国。这说明海外同行对我国文化已发生了浓厚的兴趣,来到我国寻求灵感,以中国文化拉动、提升他们的服装设计内涵。可以说,中国市场一直是他们全球战略中最令人鼓舞的一部分。伊夫·圣·罗朗(Yves Saint Laurent)对此深有同感,他在中国美术馆举办"25年个人作品回顾展"时,在展览前言中曾这样写到:"中国一直吸引着我,吸引我的是中国的文化、艺术、服装、传奇……我们西方的艺术受中国之赐可谓多矣,那影响是多方面的而且明显的。"

第四节　奢侈品服装服饰

据联合国工业发展组织统计,全球8.5万个品牌中著名品牌所占比例不到3%,却拥有40%以上的市场份额,品牌销售额占了全球的50%。其中,奢侈品的影响力起到了较大的推动作用。随着商品经济的发展和国际交往的频繁,问世于国外的"奢侈品"在中国市场迅速扩展,成了富有阶层、追逐高品质生活的人向往的一种顶尖商品。然而人们对奢侈品的认识,多停留在光鲜的外表、精美的观感和高昂的价格等层面。为了对奢侈品有较深入的认知,这里仅就奢侈品起源、奢侈品的魅力、奢侈品经营等进行简略阐述,并就服装服饰作一定的展开。

一、奢侈品起源

人们初见奢侈品大多有种神秘性,有种深不可测的感觉。就是拥有奢侈品的人群,也往往仅限于表面的观感,或是肤浅的道听途说。先从什么是奢侈品、奢侈品的诞生、奢侈品的发展,进行简略分析。

(一) 什么是奢侈品

"奢侈品"是个舶来词,中文无"奢侈品"这个词组,仅有"奢侈"一词,其定义明显属贬义。《说文解字》称,"奢"由"大"和"者"构成,"者"有结果之意,其结果比实际需要大了,即产生过分的含义;而"侈"字由"人"和"多"构成,谓人所用之物过多。《国语·卷十四·晋语八》记载:"及桓子骄泰奢侈,贪欲无艺,略则行志,假贷居贿,宜及于难,而赖武之德,以没其身。"这句话简单地说,指桓子奢侈无度,贪财受贿,差点招来杀身大祸。经此寻根溯源,"奢侈"一词的含义可为"挥霍浪费财物,过分追求享受。"这是改革开放前国人对"奢侈"一词的基本、普遍认识。

欧洲的奢侈品一词"Luxury"源自拉丁词"Lux"和"Luxus",前者有"光、明亮"之义,后者原意是"极强的繁殖力",引申为"超乎寻常的创造力",演变成英文"Luxury",其中文对应即是"奢侈"。西方近代以后用于描述"各类商品在生产、流通和使用过程中,超出必要程度的费用支出及生活方式",即那些耗费时力、精雕细琢、完美无瑕的"奢侈品"。据"超出必要程度"可知,被称为奢侈品的,还包含"可拥有但非必需"的意思,其有两层含义:"创造愉悦和舒适的物品"与"价格不菲的昂贵物品"。西方对商品有一条明确的分界——"奢侈品"与"必需品",即如我国"高档货"与"大路货"之分别。据此可知,"奢侈品"具有高品质、高价格和非必需的特点,即一种超出人们生存和发展的需要,具有独特珍奇、精致极品、昂贵稀缺等特点的高端物品,也称非生活必需品。

东西方文化的差异,于此泾渭分明。

奢侈品自进入我国后,社会各界纷纷予以重视,并从各自不同的视角开展对"奢侈品"的研究,说法尽管未必相同,但有个共同点,即"奢侈品"是人们高智慧的艺术成果,是社会文化的高度凝聚。

普通百姓则认为,奢侈品是高档次的商品,它的形象、做工、价钱,非一般商品可比。常听人议论服装中的几大奢侈品品牌,归纳起来,就这么一句话:"那衣服透着精神,看着就让人觉得舒服,很地道。"其面料精细、工艺超群、人文传承等,都是非奢侈品服装难以比拟的。看这些奢侈品服装,就如同在欣赏一幅著名的艺术品(图7-2)。

图7-2 具有艺术性的杰尼亚男装

（二）奢侈品的诞生

英国作家、唯美主义代表人物王尔德在《少年国王》中写道："皇上，你不知道穷人的生活是从富人的奢侈中得来的吗？就是靠你们的富有我们才得以生存，是你们的恶习给我们带来了面包。给一个严厉的主子干活是很艰苦的，但若没有主子要我们干活那会更加艰苦。你以为乌鸦会养活我们吗？所以回到你自己的宫中去，穿上你的高贵紫袍吧。"正是这句话道出了"奢侈品"的起源。帝王们的享乐、生活等的追求"奢侈"，造就了"奢侈品"的问世，乃至形成一个既吸引眼球又提升经济效益的行业。

奢侈品源自欧洲，以法国的拥有量为最大，历史也最悠久。文艺复兴至16世纪后，法国取代渐趋衰弱的意大利，成为欧洲事务的中心，至路易十四时代其优势地位就得以充分显示。凡尔赛宫就是当时最杰出、最奢华的宫殿，是王权的体现，是至高无上权力的象征。那些被用于制作首饰珠宝的黄金、宝石，在当时法国宫廷竟被装饰在家具、镜框、马车，甚至浴室中（图7-3）。法国服装更是左右了欧洲的趋势。这与路易十四关系密切。这位君王对政务处理、国家利益等的热情，如跨马征战、开疆扩土，自是重视有加；而对服装同样怀有极其浓厚的兴趣。政务处理之余，常亲自过问、设计、制作，时有评论发表，并身体力行。高跟鞋如今是女性的专用物，可那时却出现在路易十四的脚下（图7-4）。其身边的名人显贵，常对新式服装（或辅件、饰物）以各自的姓氏命名，加以宣扬。可以说，法国奢侈品服装业，在当时已见雏形。它的领先地位，是路易十四等封建君王贵胄共同倡导、践行、力挺的结果。

至波旁家族和波拿巴家族统治法国期间，现代人熟知的奢侈品在法国就诞生了。拿破仑是军人、野心家，还是一个多情而看重时尚风雅的艺术家；关心服装不亚于关心战争。他提倡华丽服装，鼓励纺织业的生产，意在提高他的宫廷威望，"还命令任何人不能穿同一件衣服出现两次"[1]。

图7-3 凡尔赛宫中奢华的玛丽·安托尼特居室

图7-4 穿着高跟鞋的路易十四

[1] 美 E·赫洛克.服装心理学.[M]吕逸华，译.北京：纺织工业出版社,1986.

原本出身寒微的金融、商业、农场等从业人员,受工业革命之惠,迅速暴富成为财富新贵,他们渴望进入上流社会,摆脱寒微出生的印记,其最好的标志就是拥有奢侈品,以炫耀自己的新身份。那些深藏宫廷的奢侈品就流入了资本市场。这种外显性的拥有,即如美国经济学家凡勃伦1899年所提出的"炫耀性消费"。他认为,要想获得并持久保持尊荣,仅凭占有财富还是不够的,能够提供财富的证明才更重要。而欧洲的资本新贵即以奢侈品来为自己的拥有提供了证明。这就引发了奢侈品市场的兴起、繁荣,乃至建立品牌,且形成一个效益巨大的产业群,而傲立于品牌市场的巅峰,成了引领国际时尚潮流的风向标。这是资本新贵们所没有料到的。

图7-5 打扮极尽繁琐的玛丽·安托尼特

而"巴洛克""洛可可"两种艺术特别受宫廷青睐,进而把奢侈风推向全盛。特别是路易十六的王后玛丽·安托尼特的行事(图7-5),尽管史家对这位王后褒贬不一,但法国的奢华靡丽之风,却因其衣着行为而得以传承。

(三)奢侈品的发展

体现封建王公贵胄特权的高端用品——现在的奢侈品,产于并不起眼的小作坊,数量有限,制作者仅是一些卑微的手工匠人,社会地位根本谈不上。工业革命带来了大机器设备,而法国的大革命中那些失去权力支撑的贵族为生计着想,或把私藏的珍稀珠宝换取资本,或以此献媚新生权贵政客,或被强取豪夺。奢侈品由封建上层来到资本精英手中,成了政要财富新贵炫耀新地位的资本。奢侈品经历了一个不断成长和发展的过程。

18世纪初,奢侈品开始出现,以单品居多。19世纪中叶之前,集中于酿酒、钟表业。1850年之后,奢侈品进入发展的盛期,品种亦趋多样化,以法国为最。法国政府特别重视奢侈品,尤其看重服装服饰,视其为复杂社会组成的重要部分,从政策上给予相当多的鼓励和支持,以大力推动纺织服装行业的发展[1]。以"至精至美、无可挑剔"为宗旨的爱马仕(Hermès)打出了品牌。1847年,Louis-Francois Cartier创立的卡地亚(Cartier),被英国国王爱德华七世赞誉为"皇帝的珠宝商,珠宝商的皇帝"。1854年,Louis Vuitton创立皮革箱包品牌Louis Vuitton。1858年,年仅28岁的设计师Frédéric Boucheron(费德里克·宝诗龙),成立了自己的品牌——Boucheron。这些运转至今的奢侈品品牌,都选择巴黎作为诞生地,可谓不约而同,和政府政策的帮助和激励关系致密。此举还惠及意大利、美国等地的奢侈品产业的发展。

二战后,奢侈品进入发展的强盛期,并显示为转向之势。一是军转民。1856年,英国Thomas Burberry创立Burberry品牌(图7-6),它本是军服防风雨衣的生产商,战后,转为奢侈品生产,凭着良好的军品形象,成了行业翘楚。二是突出以时尚类、易耗型的的奢侈品为主要发展趋势,集中在化妆品、服装等大类。显示了奢侈品由单品朝多品种、多门类方向发展的趋势。

---

[1] 刘晓刚.等.奢侈品学[M].上海:东华大学出版社,2009.

随着竞争的激烈,奢侈品品牌的家族经营面临不少压力,亟需完善,以待良策突围。强强联手就是较多、较好、较普遍的选择,从而改变奢侈品血缘之纯粹性,即业界所称的奢侈品"户口迁移"现象,以延续品牌的市场生命。原本独立经营的奢侈品家族制管理企业,现在越来越少。上述 Boucheron 就归属 PPR 集团,有的还成了奢侈品集团的名号,如 Gucci。这充分表明,经并购重组后的家族制奢侈品品牌,仍然发挥着市场的主导作为,并形成了 LVMH、PPR Gucci、Richemont 三大奢侈品集团(表格见附录)。

图 7-6 巴宝莉/巴宝莉标识

二、奢侈品的魅力

人们对奢侈品,往往为它的声誉、名气及其市场人气而倾心、被诱惑,从而向往。那是它非凡的外观、悠久的历史、高贵的血统、独特的工艺等所融汇而成的迷人魅力,以使人炫耀身份、地位,获得心理满足,即奢侈品成了吸引人的关键符号。

(一)奢侈品符号价值

奢侈品之所以受宠社会,为人们广泛宠爱,不外乎观感的悦目、精良的质地、超越他人的贵族气息等。奢侈品是一种超越他人的符号,即出众的品质、行业的标杆、显贵的象征。

品质卓越。工业品的质量、质地状况,统称品质。奢侈品能取得社会大众的集体青睐,其品质往往是首肯的要件。无论是材料选择,还是制作工艺,都是精益求精。如根据规定某皮制品所需之皮张不允许有任何瑕疵,若合格率达到 99%,那也是不被采纳的。所以,奢侈品的品质是百分之百优质的。他们往往从取材开始,寻求卓越,追求卓越,实现卓越。

高端标杆。奢侈品的产生、身份、发展等信息告诉人们,奢侈品的享用对象以高端人群为主,诸如财富新贵、富有群体、精英人士等。而执着钟爱、热衷奢侈品的人,大多具有情感上认同、默契的特点,这些人视奢侈品为某种情感联系的纽带,也称情感契约。LV 被市场的热捧(图 7-7),就说明其情感联系"力量"之强势。某些群体对该货品的热衷,是情感联系的力量造成了奢侈品的行业标杆的高端性特色。一方丝巾造就了爱马仕奢侈品品牌的高端形象(图 7-8),它的品牌形象就成了符号,是行业巅峰之作,成了该行业成就的标杆。

图 7-7 LV 服饰受市场热捧

图 7-8 爱马仕丝巾

尊崇贵气。奢侈品为人们所接受时，其概念就是品位和身份的代名词，奢侈品就成了符号。它因具有贵族气派而享受到的尊贵待遇，那是它的贵族血统所引发的大量拥趸。奢侈品品牌有着百年以上的历史积淀，有着传奇的品牌故事，有着顶尖的设计师团队，以及非同一般的、不同凡响的营销手段等，这些都是引人崇拜的理由。而优质服务则是贵族的独享待遇，这气派的显示，亦是人们对其崇拜的体现。其中最引人注目、亦使人叹服的莫过于定制服务。特别是Bespoke Tailoring（手工度身定制），即如艺术大师笔下的肖像画，每一幅皆为精心绘制的艺术品，都是独一无二的。不仅"Only One"，且"Only for you"。她是一种生活方式，一种生活态度，一种极致追求，一种尊贵气质的内外凝结的显示，一种正统性的气派（图7-9）。

这就是奢侈品的魅力。奢侈品在诞生和发展过程中，与社会、与消费者所形成的承诺，即优良的品质和完善的服务吸引了顾客。从心理学角度说，是品牌的市场诱惑力之所在。人们在消费奢侈品时，看中的

图7-9　高级定制的迪奥精品

是商品的价值、品牌的声誉，这是从需求理论高端的审美角度而言。凡此种种，即是对品牌的浓厚情感的购买：是消费者与品牌的契约联系，是一种心理崇拜，即品牌的力量，是情感的纽带，尤其是奢侈品。再者，智慧和知识让"奢侈品"更加具有意识和技术上的领先优势，因而人们拥有奢侈品不仅代表了尊贵，还可满足个体的情感欲求。

（二）奢侈品的特征

奢侈品作为商品中的顶级品，似高耸宝塔之塔尖，是高端精英显其贵气内涵的物化表征，是成功人士显示身份最为贴切的象征物，也是摆脱贫困走上富裕之路的普通民众的心仪之物。因为它具有普通商品难以企及的历史的厚重感、技艺的超群性和国家实力的体现。

奢侈品市场广被看好的两大因素，一是其悠久的历史，二是人们自觉消费的心理诱因。就服装大类而言，爱马仕、古琦、夏奈尔等奢侈品品牌，皆经历了百余年的传承，厚重的历史造就了它们的辉煌。奢侈品品牌年复一年的发展，由小而大、从弱致强、由本土打向域外的壮大，岁月悠悠。这经年累月的延续，成就了奢侈品时间的经典。它是商品经营的经典，是艺术和美学融合的经典。在这漫漫的历史长河中，人们可以有很多的想象，有很多的故事可以供人挖掘、演绎，但主要还是奢侈品的文化的传承和分享（图7-10 ～图7-12）。

图7-10　手提包

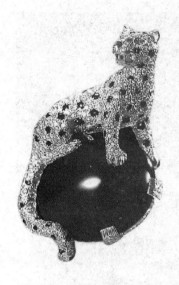

图 7-11　卡地亚猎豹珠宝饰品

图 7-12　留有印记的 GUCCI 包饰

奢侈品给人的观感往往经典别致,无可替代,视觉冲击力极强。其中制作的工艺占很大的成分,手工为主要手段,是奢侈品业者特别看重的。仅举一例,可窥大概。1895 年,亚历山德罗·伯(贝)鲁提(堤)(Alessandro Berluti)在巴黎创立了伯鲁提(Berluti)鞋品,手工定制堪称经典。每双鞋都用一块完整的皮革,而鞋面根本看不出任何缝纫的痕迹。其色彩、光泽等美感所创造的独特的皮革语言,浸过精油的伯鲁提的皮革,呈冷翡翠色,如漆器特有的幽深微光。其独特之处首先是名贵的 Venezia 皮革,由第四代传人奥尔格·伯鲁提(Olga Berluti,图 7-13)独创的专利 Patina 技术加工,即皮革转色效果,明暗色调和颜色深度,至今不为人知。其二,足底、弓部这些重要部位,皆采用小块皮革锤打而成,此被看作伯鲁提皮鞋的灵魂。其三,要享受伯鲁提鞋的定制服务,少则要等上几个月的时间,甚至是半年。就是定制完成,还要经数月的试穿,再回厂根据试穿情况

图 7-13　伯鲁堤传人的精湛技艺

进行完善。由此可见,伯鲁提皮鞋的质量是超优级的,每双竟可以穿长达二十年。穿到十几年时,可以把鞋送到专门店进行翻新处理。这充实了定制服务的概念,不仅是定制的当时,还包括今后若干长时间,不存在三年保修期的期限。同时,更证明了伯鲁提鞋的质量。而工艺的精湛起了绝对的保障作用。

　　"奢侈品"对社会的进步、国家经济的发展有着积极的促进作用。因为它们集中了最先进的技术、最融洽的产品美学,它是令人感到亲切、细腻且最具人性化的商品,更是国家实力的体现。

若论当今世界经济实力,非美国莫属。就奢侈品代表国家实力一说,美国也是当仁不让。世界品牌实验室"2005 年世界顶级奢侈品 100 品牌排行榜",也可为之佐证。其公布的资料、数据,按国家划分,美国占第一位,有 24 个品牌属世界级。这不能不承认美国的强大。如下表所列:

世界100 个顶级奢侈品品牌的国家分布

洲	国　　家	品 牌 数 量
欧　洲(64)	法　国	22
	意大利	16
	瑞　士	12
	德　国	7
	英　国	5
	瑞　典	1
	匈牙利	1
北美洲(27)	美　国	24
	古　巴	2
	加拿大	1
亚　洲(9)	日　本	3
	中国香港	2
	阿联酋	2
	泰　国	1
	新加坡	1

注: 据世界品牌实验室"2005 年世界顶级奢侈品 100 品牌排行榜"公布的资料、数据整理。

2008 年金融危机肆虐全球,奢侈品所受冲击并不明显,业绩不降反升。分析各奢侈品品牌的表现,就可看出他们对所在国的贡献。细察美国财经杂志《福布斯》自 2008 年以来所发布的全球十大最强奢侈品牌排名,就可见其具体,即奢侈品对社会经济发展所作出的促进作用。人们还可以从 Interbrand 发布的 2013 年全球最佳品牌排行榜,看到其发展之详细(见附录)。

(三) 奢侈品西风东渐

当欧洲的奢侈品入驻国内那些著名的大商厦时,我国的财富新贵们就看中了这些价格昂贵、颇具神秘感的品牌。他们看重标签价格所带来的心理上的满足感,是一种炫耀和盲目的崇拜,而不是实际的需要。

国人对外来货品的崇拜,早在清代就已显端倪。五口通商后,外来货品一律冠以"洋"字。国人的崇洋心理已愈 170 年之久。如今,带有皇家贵族、高精加工、稀缺美绝的各类奢侈品的大量面世,进而入驻我国市场,不少人不顾自身条件、需要实际等情况,纷纷挤入奢侈品的购买潮流中,以占有为目的。因为它昂贵,是身份地位的象征。此种消费带有极大的盲目性。

英国《经济学家》杂志曾发表评论坦言,"亚洲人习惯将昂贵与奢侈联系起来。他们认为奢侈80% 与价格有关,日本人曾被认为是最盲从的消费群体,而现在中国人大有取而代之的趋势。他们接受那些并不十分了解的知名品牌,并以自己的理解去消费它们。"尽管他们不能拼全奢侈

131

品的外文字母,但能凭直觉感受这些货品的价值。

奢侈品的本国消费者,通常是社会的中产阶层,他们具有消费奢侈品的能力。而实际购买时,他们仅用自己财富的4%。这是奢侈品的成熟消费者。可我国却正好相反。他们竟用40%的财富去消费奢侈品,有些甚至是更多,以实现对奢侈品占有的"梦想"。事实上,我国不少人的财力是不足以应付奢侈品的高消费,他们的薪资收入与奢侈品消费完全不相称,应把他们归入"未富先奢"之列。然他们却是奢侈品消费的重要构成群体,呈年轻化趋势,亦与西方差异明显。

国人知道了奢侈品之后,除满足体现个人身份地位的包装外,还有相当一些人发现了奢侈品的潜在价值,即可充当发挥特殊作用的敲门砖以实现个人的特殊目的。在这种以个人私利为目的的驱动下,奢侈品的消费在中国得以异化,形成了一个颇具影响的礼品消费倾向。这是奢侈品在我国的消费领域出现的一个奇特的现象,即奢侈品的购买者与拥有者分离,奢侈品的消费者并不是真正的实际享用者。

当然,中国现在已经具备了消费奢侈品的能力。上海财富研究机构胡润百富发布,中国资产超过人民币600万元的高净值人士已达270万,资产超过1亿元的有63 500人。中国已成为推动奢侈品消费增长的主要动力。譬如意大利奢侈品牌普拉达(Prada)的全球销售额24%来自中国,仅13%来自北美。人们可以毫不夸张地说,中国市场已成了奢侈品消费的重要组成部分。中国品牌战略协会相关数据更显示,中国的奢侈品消费人群已达到总人口的13%,且还有迅速增长之趋势。

三、奢侈品的经营

做品牌经营的人都想使自己的产品有市场地位,能站立于市场的前沿。至于如何达到这个目的,却是各有高招的。世界品牌的招术,就是要争第一,取得个印象第一。这就在于产品的不断创新,乃至不断创出新的时尚,取得市场的话语权。这就需有品牌内核、强化品质和文化积累的保证。

(一) 内核打造

内核,也称核心,指事物的中心。研究了解奢侈品的中心、内核,对学习奢侈品的经营,大有益处。这里仅从精品哲学、独一无二、用心致臻这三方面,进行研究。

每个奢侈品品牌发展、傲立同行至今,就是追求完美,精益求精。精品是奢侈品至高无上的哲学。百达翡丽追求精致往往不惜工本,从15钻到37钻,获得专利最多,在同行中有专业之最的称谓。在直径不到4厘米、厚度1厘米的平面上,要放进686个零件,且每个还得精确地运转。"表中之王"的"分毫必争",百达翡丽的精致,于此可见。奢侈品之所以能赢得世人由衷的追捧、崇尚,就在于它做足了一个"精"字。精,是它的核心之所在。技术精湛,没有"处理品"。LV为使出厂产品百分之百合乎标准,就在生产车间安置了台粉碎机,专门用来销毁不合格的产品[1]。

少而稀缺,独一无二,是奢侈品的核心特征。物以稀为贵。菲拉格慕的鞋,可以说就是绝对、唯一的。哪怕是名流政要,只要产品到了客户脚上,菲拉格慕是决不会再生产第二双的。菲拉格慕的鞋,每款在全世界只有一位主人。他坚持手工制作,拒绝机器复制。鞋对个人来说,并

---

[1] 杨杨.限量版奢侈品[M].北京:北京工业大学出版社,2012.

不复杂,可在菲拉格慕那儿,是非得经过 60 多双手、120 多道工序,方能完成,藉以确保手工内涵,实现舒适度的追求宗旨(图 7-14)。其摸骨定制与大明星们成就了一段段"仙履奇缘"的传奇。菲拉格慕于 1947 年,荣获有"时装界奥斯卡"之称的"Neiman Marcus Award"大奖。

图 7-14　菲拉格慕的工作室

竭尽心力、人力和物力打造某一物品,使之达到完美的境界。这是奢侈品的制作准则。一副眼镜能和一辆宾利汽车等价吗?回答是肯定的。那是德国罗特斯(LOTOS)品牌眼镜。该品牌的主打产品是珠宝眼镜,这可是稀罕物。他们以订单形式组织生产,一款镶有 44 颗钻石的眼镜售价高达 50 万欧元。这价格堪与一辆豪华宾利汽车相当。能享受如此奢华眼镜的人,肯定是少之又少的极少数。罗特斯眼镜之所以天价,在于选材和设计的倾心竭力。若下单者被认可,罗特斯设计师就进入采集订制者信息的环节,诸如发色、头发多少、眼窝深度、眉骨高矮、眉毛稀疏、脸型等数据。除这些必须掌握之外,还得把握这个人的喜好、身份、个性等特点,方可开始着手进行具体的设计。而其镜框材料之珍贵,也是价格昂贵的重要因素。罗特斯最著名的镜框之一,就是选用仅产于德国南部稀有名贵的白水牛角。然在做成镜框之前,还须经 130 道物理和化学工序。即如最简单的罗特斯眼镜的一条眼镜腿的抛光,就需要工匠仔细认真地工作三天以上。罗特斯眼镜的高价,见于每一个细节,以实现其真正的用心于完美。

(二)强化品质

奔驰公司曾刊登广告说"如果发现奔驰车发生故障,中途抛锚,将获赠 3 万美元。"[1] 言下之意,奔驰的质量绝对是没有问题的。说来也巧,2009 年春节,上海延安东路高架外滩拆除断头处一辆奔驰轿车飞出护栏,从高空坠落,车不仅未遭受大损,而且驾驶员还能自己从车内出来。人们在谴责驾驶员的违规操作、不惜生命之余,还得要称赞"这车真好!"可见,奔驰车的质量的确是没得挑剔的。当然,这质量中还应包含品质。

品质,基本概念是品行、品德,指人的行为、作风所显示的品性、认识等本质要素。此处还应

[1]　世界品牌研究室主编. 世界品牌 100 强品牌制造[M]. 北京:中国电影出版社,2004.

该把品位的含义延揽进来,即韵味、神韵等内在性的、属精神方面的意义,也须得到补充。移用至物品,那讲的就是产品的质量优良。而服装作为人们穿着的必需之物,其设计、生产、销售等,皆受优质标准的管控;其与人体结合之后,所产生的某种雅致的情愫(含观感),前后皆为品质服装。特别是那种优质如奢侈品的服装更是如此。世界男装顶级品牌杰尼亚(Zegna),堪称品质服装之代表。

杰尼亚作为国际男装品牌,是人们所熟知的一个已有百年历史的家族品牌。百年的持续发展,就在于他们不断创出富有独特风格的产品和长期的品质管理。他们对顶级男装品质的理解,除产品的核心元素外,还与组织机构、文化以及和消费者沟通等息息相关,以及市场细分的年轻化特色。特别是进入中国大陆后营销策略的调整,更是杰尼亚品牌持续发展的又一新招,即产品设计和顾客需求之间平衡点的把握,如在高档购物中心建立品质一流的店铺,提供奢华贴心服务等。这种品质服务的不断挑战传统、不断改革创新的措施,是杰尼亚百年来长期成功的又一新经验。这是国内同行值得学习探讨的重要内容。还有他们那种进入中国市场后的平和心态,重在市场培育,而不急于市场效益的取得,即耐得住寂寞的市场韧性——在"坚守"中传播品牌的形象文化。

奢侈品品牌着眼于服装本身的研究,是很见功力的。这于板型方面尤为突出。服装与人体有那样的亲和力,充分体现了设计师对形体的研究、理解,对整体造型的均衡感的把握。那些与服装相关的环节,坚持深入而不懈的研发,不达完美,决不罢手。如对服装人体的数据的研究。而服装专业场馆方面的建设,更是处于领先地位。美国、英国、法国、日本等国,就是以此作为服装文化和艺术设计、研究的重要基地,并在同类院校的类似学科建设方面更加重视。粗略统计,国际上服装专业博物馆已达80多家。国外院校也很重视服装专业博物馆的兴建,形成专业院校的特色博物馆。专业史学强化专业教学,使服装教学在历史的厚重和现代的时尚中,走向完美的融和,成为服装文化和艺术设计、研究成果的诞生基地。

(三) 文化积累

国外服装品牌之所以著名,时间磨合是个重要因素。短时间是不可能造就名牌的。早在30年前,英国的 Interbrand 作为世界著名的商标咨询公司,按照严格的方法所排出的世界50大名牌[1],服装类就有 Dunbill(登喜路)和 Levi's(李维斯),这些商品在全球都享有较高的声誉,消费者几乎遍及世界的每个角落。地域广阔达全球,时间跨度愈百年。这就是国际品牌的时空文化建设。试想,一个经历百年的品牌,其间所累积的品牌故事就够写多本厚厚的大书,如品牌的设计佚事、销售佳话、店员趣闻等,皆为品牌成长之基石。后人读来,在了解该品牌的历史之后,更是享受到品牌发展的文化愉悦。

品牌之所以能历百年不衰,经受时间考验,关键在于其创新的领先。Levi's 作为世界上最著名、时间最悠久的服装品牌之一,品牌价值达 51.42 亿美元[2],其获得市场的成功秘诀,就是不断地变化,即应时出新。它当年为淘金工提供坚固耐磨的劳动装,经过转型已完全脱离了工装的行列,向外衣、衬衫等拓展,并辅之鞋、帽、包袋等,形式多样,极大地丰富了成衣世界,成了社会大众、男女老少都喜欢的时尚装束之一。正如美国硅谷营销专家吉斯·麦克纳(REGIS

---

[1]　李飞.名牌王[M].北京:首都经济贸易大学出版社,1995.

[2]　同[1].

MCKENNA)所总结的那样:"在变化迅速的行业中,营销者需要有一种新的方法。他们应该考虑的不是分享市场,而是开创市场;不是获得一块馅饼的较大份额,而是必须努力制造出更大的馅饼。更好的办法是焙烘出一块新品种的馅饼。"这里说的"新品种的馅饼",就是创新开拓产品,以新夯实品牌的基础、抢占市场先机。这就是指"任何企业的战略都能够——也应该——朝着开创市场的方向彻底转变。"[1]

品牌之所以能不断发展、攀升,是设计师的幕后付出使品牌的精神得以延续。迪奥过世已达半个世纪多,可其品牌 CD 至今仍然是国际服装潮流的领导者;夏奈尔也于 1971 年 1 月辞世,然而 40 余年来,她的两个"C"字组合的品牌标志,还是高级女装的代表。那是一批批设计师精心传承的结果。所以,创品牌需要设计师的默默耕耘。而国际著名设计师的成功之路,也是由耐心磨合而成的,来不得半点浮躁。

这些,对我国服装品牌的创建和发展,都是极具启发和借鉴意义的。

[1]　李飞.名牌王[M].北京:首都经济贸易大学出版社,1995.
[2]　同[1].
[3]　同[1].

第八章

服装世界众生相

20世纪80年代初,都市城镇之街头,常见男青年手提四喇叭音箱,一副旁若无人的样子,长发飘飘,拖地喇叭裤,突兀于普通人的着装之外。大多数人都不理解,认为这些小青年思想作风有问题。而稍知世界服装史者,便说那是国外颓废青年的翻版,学人家嬉皮士。那么,什么是嬉皮士呢?在服装界还有哪些有违常态的穿着形式呢?这就是本章所要叙述的。

20世纪60年代的西方,是个动荡的岁月。因年轻人的价值观念与传统的道德观发生了激烈的冲撞,以致形成一个独立而叛逆的社会群体。如美国的披头士(Beat)、嬉皮士(Hipster)、英国的朋克(Punk)等。他们通过服装体现自身的价值和对生活的态度,以宣泄对现实的不满,遂演化为一股反传统的"年轻风潮"。加之他们与街头文化关系甚密,如音乐和演剧,亦颇为热衷,于是开拓了一个庞大的青年服装市场,并对成人装也产生了一定的影响。

下面就从嬉皮士开始。

第一节　嬉皮士风格

嬉皮士是20世纪60年代第二次世界大战后成长起来的年轻人,他们有对社会现实的思考,而又陷于难以摆脱的思想困境。服装饰物和乐曲街演,就成了他们形象的物质寄托。

一、缘起背景

20世纪四五十年代,美国称"垮掉一代"爵士乐音乐家为"Hipster"和"Beatnik"("嬉皮")。20世纪60年代,从中演化出嬉皮士。美国东海岸格林威治村年轻的反文化者自称为"Hips",这表明是当年"垮掉一代"的变体延续。后由媒体记者的报道推广,"嬉皮士"称呼一直流传至今。

第二次世界大战之后,美国经济复苏,那些未经历战争的年轻人,几乎是轻而易举地拥有了漂亮的住房、汽车、立体声音响、电视机以及可供支配的零花钱,衣食无忧,属于中产阶级或知识分子。这是他们父辈一辈子辛苦才能实现的"美国梦"。照理说,他们可以好好享受生活,然而,恰恰是物质生活的丰富,使他们看清了现实中人情的冷漠、战争的残酷、尔虞我诈等种种社会现象。在忿忿不平之余,他们扯起了仁爱、反暴力、和平主义和利他主义的大旗,并以长发、穿旧衣、奇装异服为反叛标志,向代表主流文化的传统势力发起挑战。至20世纪60年代中期,"嬉皮"运动终于在美国旧金山的松树岭地区形成核心,并以不可阻挡之势席卷全球,成为一个独立于主流文化的非统一的没有宣言、没有领导人的文化运动。

由于嬉皮士喜欢音乐,如杰米·亨得里克斯和杰菲逊飞艇的幻觉性的摇滚乐、詹妮斯·乔普林的布鲁斯及斯莱和斯通家族乐队、ZZ顶级乐队、死之民乐队等,练就了他们即时性的演艺才能。他们往往把街头剧、无政府主义行动和艺术表演结合在一起,在波西米亚主义、地下艺术和左派、民权主义、和平运动两个不同的运动影响下,向着建设"自由城市"迈进。

二、嬉皮士形象

综合相关资料,嬉皮士们多留长发、蓄大胡子,且发里簪花,颈饰花环(间或向行人赠花);这于整个社会而言,是不整洁或女性化的代表(图8-1),故不被社会容忍、接受,更多的是蔑视。他们衣装色彩鲜艳、饰品超出常规;与朋友一起在家或在公共绿地演奏音乐、弹吉他;主张自由恋爱,生活公社化。

图8-1　留长发、蓄胡须(发里簪花)、颈饰花环,衣装不整洁,女性化,为嬉皮士形象

他们离开城市,到乡野村庄建立群居的生活模式,在沉沦中的混沌和挣扎中做探索性的自我放逐,试图逃离都市的繁华,带有"乌托邦"式温和美好的理想主义色彩(图8-2)。

图8-2 集体环境的活动是嬉皮士所喜欢的

早期的嬉皮士对反传统的生活很看重。他们排斥美国式的消费主义,转而对异域文化发生浓厚的兴趣。他们时常开着野营车到印度等东方诸国旅行,去采撷东方文化中的奇花异卉,与二手市场淘来的服饰相组合,以显示全新的嬉皮士的反叛形象。

他们将域外奇异的服装如土耳其长袍、阿富汗外套等,配上反传统的装扮(图8-3),如喇叭裤、二手市场淘来的旧军装、花边衬衫、金丝边眼镜等(图8-4),以及俗丽紧皱的喇叭裤、T恤或天然纤维织成的布衣,脚穿近乎露足之凉鞋,佩戴绚丽的和平勋章,披挂念珠。这多元素的奇妙融合,不仅开创了服饰领域的新风格,而且还推动了旧货市场的诞生。

图8-3 嬉皮士反传统的装扮

图8-4 杂乱不整的嬉皮士特色装束

嬉皮士们对二手市场却很偏爱,每到周末,便有成百上千的年轻人拥向跳蚤市场,他们挤在堆满旧毛大衣、纱裙、旧军装、古典式花边衬裙、纯丝的衬衫、天鹅绒短裙或20世纪40年代流行的纯毛大衣的市场,是当时服装界的一道新景观。

其实,换个角度看,嬉皮士的着装代表了某种怀旧的情绪。当年手工的价值被重视,服装的质地自然而纯粹。嬉皮士们怀念那样的年代,他们希望挣脱批量生产和人工合成面料的机械化、流水线的模式,重建服装的品位与个性,即重新确立个性化的服装穿着品位,从而试图将服装重新拉回到一个更加自然的状态。这势必也影响到其他人群的穿着流行走向。

三、嬉皮士影响

这种独特的文化现象对服装的影响是显然的。1967年,嬉皮士时装店如雨后春笋般在伦敦等地发展起来,最有名的有"我是Kitchener老爷的仆从""Granny做一次旅行"等。与此同时,迷幻药开始对嬉皮士的生活产生影响,并渗透到流行音乐之中。当时的著名歌手如Jimi Hendrix、Bob Dylan和Janis Joplin等,都曾为嬉皮士的生活方式提供过经典样本,他们蓄长发、穿紧身的丝绒长裤或牛仔裤、宽松的印度衫,追求吸食迷幻药后获得腾云驾雾的灵感。

20世纪末的怀旧情绪,影响到青年一代,他们重温了父辈青年时代的时尚情感,遂形成所谓新嬉皮士风格。21世纪的新嬉皮士,虽也强调自由,做他们想要做的事,但不再那么激烈过度,不放浪形骸聚众滋事,不那么公开地提倡同性恋和吸毒,"爱与和平"的口号成了一种内心的怀念。在服饰爱好上,他们与上辈有着浅层的承续关系,穿他们愿意穿的服装(图8-5),也酷爱时装的流苏、喇叭裤腿、灰调的饰品、民族情调、刻意营造的"自然"味道、富于20世纪70年代特色的上紧下松的造型。然而细究之下,两者许多地方不仅毫无共同之处,反而会产生对照的意趣,嬉皮士不事修饰,而新嬉皮士则修饰齐整,骨子里潜藏着奢华和享乐主义。新嬉皮士一般不具政治性,而1960年代的嬉皮士实际上是一个政治运动,其服装影响直至当今。

2008年秋,纽约最时髦的百货商店之一Barneys'开展"爱与和平狂欢节"商业活动,用以纪念CND(核裁军标志)诞生50周年,推出了大量灵感来自嬉皮文化的产品:扎染工艺的匡威高帮帆布鞋、具有迷幻视觉效果的双陆棋棋盘,还有各式各样的配件,包括在钥匙扣上坠了CND标记的Fendi Baguette单肩包。其实,自从1967年美国旧金山的大规模嬉皮士集会之后,时尚界就曾经从嬉皮风格和嬉皮文化符号中寻找灵感。Yves Saint Laurent从和他一起住在摩洛哥马拉喀什的波西米亚乐队朋友那里得到了启发。三宅一生也将嬉皮风格注入了高级时装。而Tom

图8-5 与20世纪截然不同的嬉皮穿着形式

Ford 则在 20 世纪 90 年代早期,专门为 Gucci 设计过一个"爱之夏"系列。可见设计师们对嬉皮风格的浓厚兴趣,不时从中汲取设计元素(图 8-6),使市场又增一片鲜活。

图 8-6　嬉皮士时代的着装风格,为后世的服装设计不断推陈出新提供灵感

第二节　朋　克　风　格

缘于平民的一个极其简单的乐曲,亦无固定的演出场所,但却造就了摇滚乐的大发展,并且逐步扩张为时尚界一大艺术流派,成了主流文化的一部分,这就是朋克风格。

一、源起摇滚

朋克(Punk),是最原始的摇滚乐,由一个简单悦耳的主旋律和三个和弦组成。所谓三个和弦,是指一首歌只用三个"Chord"(和弦)组成,不事修饰,直白、有力地表达 20 世纪六七十年代青年之所想,即倾向于思想解放和反主流文化,大都涉及性、药物、暴力等。演奏时间很短,仅 2 ~ 3 分钟即告结束。形式简单,适合大众,并无演出场所的限制,街头巷尾、车斗、仓库,皆可闻摇滚乐之曲,与当时主流音乐文化完全大唱反调。参与性极强,使朋克音乐得以快速普及。在自娱自乐中,人们彻底摆脱了"听者"或"接受者"的被动地位,从而打破音乐的高深性、少数人的专属性和垄断性,推动摇滚乐的发展。

当摇滚乐登陆英国,经约翰·列侬、滚石合唱团等的推波助澜,演变为一场声势巨大、铺天盖地的文化运动。尽管朋克乐队大多相似,作品也过于单调,但著名朋克乐队还是有自己独特的个性的,比如 The Ramones 的泡泡糖流行乐、The Sex Pistols 的 Face(面容)式的强力和弦、Buzz Cocks(嗡嗡鸡)流行感觉、The Crash(冲撞)的雷鬼元素、Wire(电线)的艺术试验特色等。因此,英国评论家 Jon Savage 写道,历史是由那些说"不"的人创造的,而在 1976 年再没比朋克摇滚音乐的"不"更大的声音了。这是一个独立于主流社会与主流文化的次文化群体。摇滚乐就此登上了一个新的高度,并为20世纪90年代的成功——这个"非主流"音乐晋升为"主流",奠定了基础。而流行模式又再次被印证——由下而上。

就其内容而言,朋克音乐那无所不在的重金属似的威力、毫无拘束的自我表现、清晰的不须审查的完全快意,旨在彻底的破坏与彻底的重建,打翻一切甚至包括打翻自己,这就是所谓的朋克精髓。在否定之否定哲学理论的支持下,朋克用简陋的音乐创造了一种扭曲的责任感和边缘文化现象。这就是今人所经常提到的朋克摇滚的内在思想。所以,他们反传统、反制度、反日渐枯燥毫无激情的生活,他们要在20世纪七八十年代平庸的欧洲大陆掀起一场深入生活各个角落的大革命,以挑战一切既成的规则。这种情态,尽管偏激,缺乏可行性操作之依据,但却是代表人类发展方向的一种可能性和多种可选择性的直接反映。

完成于1979年的电影《崩裂》,描写的是摇滚和摩登两派的纷争。正是摇滚派毫不妥协的抗争,才使朋克风格最终得以正式确立。

二、朋克服装

在摇滚乐附带的产品——迷你裙、发胶、发廊、短靴、皮夹克、摩托车等的推动下,整个社会摇滚一族大行其道。他们主张 DIY(Do It Yourself),以廉价服装和布料进行再造加工,使服装呈现出粗糙感。常见装束有穿磨出窟窿、饰骷髅图案或美女的牛仔装;皮夹克、紧身裤、长统靴、鱼网似的长统丝袜,衣边磨损、印有粗俗字句、暴力或色情的图案的衣服,狗链饰品(图8-7),外加绝对不能少的英国摩托车。他们头发造型也很奇特,男人尽可梳得高高的,染着各式各样的颜色,人称"鸡冠头",也称"莫西干头",源自古罗马战士的头盔(也有说北美印第安人某个分支的发型)。

图8-7 朋克——别样的穿着方式

此外,他们涂黑眼圈,画猫眼妆、烟熏妆,涂暗色调的的口红,在耳朵、鼻子、脸颊和嘴唇等部位用安全别针和撞钉穿孔、纹身,女人则是大光头,露出青色的头皮;鼻子上穿洞挂环;身上涂满靛蓝的荧光粉等。他们用这些十分另类反常的装束,以显示他们的与众不同,来实现他们对现实社会的叛逆和不满,即反对传统社会。

　　而与之对立的摩登派,这些来自艺术院校和中产阶级家庭的青年,他们喜欢整洁的意大利时装、派克大衣和低座的两轮摩托车。两派势不两立,各不相让,竟于1964年大打出手,为此闹上了法庭,而法官的判词也特有意思,说他们统统是"无足轻重的小暴君!"

　　有趣的是,著名影星马龙·白兰度(Marlon Barndo)在电影《美国飞车党》中饰演的那位英俊小伙,竟成了摇滚派的偶像。他身穿黑色皮夹克、裹绑腿、脚蹬长统皮靴、头戴鸭舌帽、漫不经心地斜靠在摩托车上的造型(图8-8),一经放映,立刻成了反叛青年的经典形象,从而使摇滚不仅有了声音,而且还具有了视觉上的冲击力:皮夹克被视为摇滚派的重要标志(这是皮夹克制造商所没有想到的),上面还满饰各种纽扣以及刀或骷髅之类的图案。加上特别尖的尖头皮鞋、翻边牛仔裤、粗重的金属链子(图8-9),共同组成了摇滚派服装的基本行头。

图8-8　《美国飞车党》剧照　　　　图8-9　朋克服饰店

三、朋克教母

　　尽管朋克在当时就连遭非议,但艺术史却为它写上了浓浓的一笔。它的影响已不限于音乐和服装,还对平面图像、视像及室内装潢等产生了广泛的启发意义。人们身边有很多以朋克作为设计元素的品牌,如IKEA、无印良品等都是鲜活生动的例子。稍加留意,人们便会发现朋克就在身边。它已经变身为一种设计思想,一种后来居上的艺术潮流(图8-10)。20世纪80年代的青年人,大多有此经历。已故香港著名艺人梅艳芳,当年的打扮就受朋克风格影响。而随着朋克艺术思潮影响的深入,其在世界各地的响应者亦越来越多,很多人加入到这个原本并不受社会认可的艺术活动之中(图8-11)。

　　说到朋克,维维恩·韦斯特伍德(Vivienne Westwood)这位女性是必须要论及的。Vivienne Westwood原名Vivienne Isabel Swire,1941年4月8日生于英国。1971年开设于伦敦国王路430号的小店,是她叛逆者的经营和设计生涯的起点。其店名"性""叛逆者"就开宗明义显示了她与众不同的反叛个性。她1980年创建的时装店,竟冠以"世界末日",足见其挑战传统的精神特质。"让传统见鬼去吧!"是她的名言。她的设计完全摆脱传统的束缚,极擅长把不可想象的材料和样式组合成一个个怪诞、荒谬的造型,赢得西方年轻人的纷纷喝彩。其实,维维恩这样做,是在进行一种创新探索。她说:"我不是刻意要叛逆,我只是找出有别于常规的其他方法。"

图8-10 朋克已延伸到其他艺术领域,丰富了设计内容

图8-11 朋克作为一种艺术形式,在世界范围内不断扩大

这位金发蓬松、目光犀利、神采飞扬、气质另类的英国摩登女王(图8-12),在40余年的创作岁月中,常引入亚文化和朋克的某些元素,向时装界的传统服饰挑战,冲击传统服装美学,创造了数不胜数的异样风潮。她用红橡胶、红乙烯等鲜亮全红材料制作摇滚服装,且印有极具煽

动性的语句和着色情图案,并辅以有序的破烂、粗犷冷酷的锁链、拉链等作配饰,尽情诠释朋克文化的愤世嫉俗、孤傲不羁的精神内涵。她身体力行,以自身之装扮相呼应,遂成朋克一族的精神领袖和领军人物。20世纪80年代维维恩著名"女巫"系列发布,那少女之装扮既显浪荡意味,又诡秘异常,可谓惊世骇俗,引得巴黎时装界反响强烈。维维恩在婚纱、晚装、男士服饰以及首饰等新领域,亦建树颇丰,因而被誉为"20世纪最伟大的设计师"。

维维恩1992年获得帝国荣誉勋章(O. B. M奖),2006年更被英国女王授予女爵士称号,从而极大地扩展了朋克风格的市场影响。朋克风格成为高级时装的设计灵感之源,创造了主流时尚和街头风格相互融合的典范。服装设计师把朋克服装元素引为设计之鉴,为服装潮流注入新鲜的动力。范思哲(Versace)品牌女装和John Galliano 为 Christian Dior 的设计中,都可见到 Punk 风格的运用。

21世纪初,一种混合了20世纪八九十年代新的朋克样式出现了——身着 Converse、All-Stars 等牌子的鞋子,格子花呢的裤子、紧身 T恤、镶有铆钉的皮带、有弹性的露指手套、颜色鲜艳的运动夹克等,被大众借鉴和模仿而成为流行(图8-13),从而影响至今。

一位叫赞德拉·罗德斯(Zandra Rhodes)的英国女性服装设计师,对朋克服装进行改良的同时,吸取了朋克风格的某些元素,通过运用一些明亮的颜色,使朋克风格呈现出精致而且优雅的风格,更多地得到富人和名人的接受与认同,而朋克最初具有冲击力的风格少了很多。她用金制的安全别针和金链子连接、装饰服装的边缘,在一些小的部位故意撕裂破洞,再在这些精心撕裂的破洞边缘用金线缝制,装饰上精美的刺绣。

这种风貌在 Gucci 的发布中,亦曾有显著的表现(图8-14)。设计总监 Frida Giannini 将俄罗斯波西米亚风格与浓重的20世纪70年代摇

图8-12 维维恩·韦斯特伍德,这位朋克文化推广者的另类气质,被誉为英国摩登女王

图8-13 骷髅头图案、镶铆钉皮带等成新一代朋克的形象。Avril Lavign 的衣饰就是如此风格

145

滚乐风格结合在一起,将带流苏的靴子、天鹅绒紧身长裤、低腰装饰扣腰带和印花超短上衣,搭配以一大串一大串迷人的手镯和项链。在 Gucci2007 年广告片上,一大群模特像过节似地在一片草地上欢蹦乱跳,来表现"嬉皮式奢华"的主题。同时,Gucci 著名的大包包也被摄入了镜头(图 8-15)。

图 8-14 Gucci 2008 年秋冬系列中的朋克风格

图 8-15 著名的 Gucci 大包也朋克化了

第三节 街头时尚大观园

服装界是个制造流行、时尚的行业,每年国际上的各大时装周的发布,都会在世界各地引起广泛的反响,设计师、品牌、秀场等都成了媒体争相报道的对象。这一切,谁都理解。可近几年这种现象似有扩大之趋势,由于街头时尚的兴起,某些并未受人关注的人物,现在也成了他人话题的对象,不少人更晋升为时尚偶像。

一、编辑转身成偶像

一般来说,时装杂志的编辑大多隐身幕后,埋首编辑,辛勤耕耘,外界鲜有人知。可如今随着杂志影响力的逐步提高,这些人也从幕后被请到台前,并日益成为一种新的时尚,受到世人的关注,开始像明星一样接受人们的评论。电影《穿 PRADA 的女王》,据说就是以美国版《VOGUE》的强势主编 Anna Wintour 的真实生活改编而成。孤傲冷漠,时装秀场中"黄金第一排"的位置,几乎定位了 Anna Wintour 的女魔头形象。眼光超前的时装摄影记者不再满足于 T

台前死守,而是游走秀场附近的街头巷尾,"捕捉"赶赴秀场的各式观众的身影,媒体从业者就此被曝光,遂引发了秀场外的别样发布(图8-16)。Anna Wintour 出席各种场合的穿着,都是各大时尚媒体的头条,如她穿哪个牌子的连衣裙,发表了何种评论,她的穿戴甚至被不少人从头模仿到脚。这股别样的时尚之风传播很快,迅速波及法国版《VOGUE》的主编 Carine Roitfeld、美国版《ELLE》的时装总监 Kate Lanphear 和《L'Officiel NL》男编辑团队等,他们纷纷成了时装偶像。正是这些幕后的时尚推手变为社会百姓推崇的对象,亦成大众衣着装扮的模仿对象,一时形成流行。所以,这些编辑为街头时尚的发展,作出了贡献。

图8-16 秀场外别样的"看客"发布

图8-17 Bryan 掀起的时装界的"异装"风波

二、街拍颠覆大品牌

起初只是时装评论的资讯新鲜、观点独到,而吸引了时尚从业者的注意。2007年有了以导入街拍为主题的博客,那些博主亲自出镜,展示极具个性的穿着方式。这股潮流来势汹汹,使世界顶级设计师和品牌也难以招架,有的只好屈服于时装爱好者。像马克·雅各布(Marc Jacobs)这位美国设计师,是时装品牌 Marc Jacobs 及其副线品牌 Marc by Marc Jacobs 的首席设计师,也是现任法国著名奢侈品品牌 Louis Vuitton 的艺术总监,也未能幸免。2008年他特意推出一款以 Bryan 命名的手提包(图8-17),就是入选《纽约时报》名人博客榜前十的那位菲律宾异装癖博主 Bryan。可见这股街头风的强势。

这股由社会平民掀起的街头时尚风,虽击碎了高级时装的梦幻,但毕竟是传递了平民化的时尚生活态度:ZARA、H&M 和 Chanel、Balenciaga 搭配在一起很正常;街头风重视的是个人风格,只要适合,不分贵贱。时装博客 fashionIQ.com 创始人、资深评论家 Chris Cholette 坦言:"时装博客的作者们代表了不一样的声音,他们展现的是人们实际上怎样穿,常常与时尚业界的指示截然相反。"所以,H&M 邀请来的设计师都是重量级的,从上季的川久保玲到本季的 Matthew Williamson,造就了店门外抢购的队伍越排越长。甚至连纽约 Barney's 这样最具前瞻性的高级百货公司,也喊出"享受嬉皮假期"的口号,Louis Vuttion 推出了涂鸦字母"Stephen Sprouse"(美国著名涂鸦大师)系列等,都一致性地向街头文化"致敬",说明大牌们从中悟出了流行和商机(图 8-18)。就像当年朋克把不可能变成了流行,最后登上时尚高端的宝座。流行、潮流本无规则,都是不经意间萌发而成气候的,关键在影响力和受众的心仪程度。

图 8-18　Louis Vuttion 推出的"Stephen Sprouse"涂鸦系列,找来街头时尚的代表 Agness Deyn 代言

三、男人穿裙子成风

上述马克·雅各布本人就很倾向街头展示。有报道称,这位 LV 设计总监近来成了"只穿裙子的男人"。这是否与英国"苏珊大妈"遭遇男粉丝穿裙子献花求爱有关联? 其实,男人穿裙子在演艺界还真大有人在。贝克汉姆、蔡康永、凯姆·吉甘戴等,都以穿裙子闻名。还有那个演了《加勒比海盗》的约翰尼·德普,就被视作奇装异服的代言人,破烂货到他身上就变成了时髦物。他平时更喜欢把衬衫围在腰间当裙子。难怪 JPG2009 年 1 月发布的歌特风格男装半裙,有人就建议让约翰尼·德普做代言,省得他整天把衬衫当裙子使。黄秋生穿格子裙参加活动,色彩之艳,令人眼前一亮;穿山本耀司的黑色连衣裙现身机场;在上海国际电影节开幕式上走红毯,他依然是裙袂飘飘。

必须指出的是,穿裙子对苏格兰男人来说是很正常的。不过,正宗的苏格兰裙长及膝盖,不穿内裤,只在前摆压酒壶以防走光。对此,马克·雅各布深知其理。但他不会在腰间挂上个酒壶,因为他不担心走光。穿裙子的他,比淑女还淑女。他坐下时特别注意双腿并拢,蹲下时侧身,防止走光(图 8-19)。另有日本影视界小田切让,也是个特例,从不按常规出牌。他也特别喜欢穿裙子,意在为了和他的怪发型、怪帽子连成一气,实现他特立独行的外部形象。

图 8-19　马克·雅各布穿裙子不担心走光,他比淑女还淑女——侧身而蹲

　　此外,不知从什么时候开始,美国男青年中流行掉裤子(图8-20)。有人说是压力太大,还有人认为是收入下降,但不管怎么说,腰带总不能省去吧? 否则,裤子如何穿? 可实际生活中就是这么存在着,有露臀式、肥短式、提拉式、披挂式等。常听说,经济发展迅速时,女人的裙子会短些、短些、再短些。可2009年世界金融危机范围的扩大,放下的不仅是女裙的长度,就连男人们的裤子也都往下掉了。这可是从来没有见过的情况。

图8-20　美国纽约男青年流行掉裤子的穿法,形式多样

第九章

服装与艺术思潮

  20世纪以来,服装发展的百多年历程所取得的成就,不仅是服装界的骄傲,还有对美术、艺术界的巨大贡献。巴黎是世界时装之都,同样也是艺术家的殿堂,这里同样聚集了众多世界级的艺术大师。他们的不朽之作以及创作风格、艺术思潮,往往是服装设计师十分关注的:寻找设计新思路,获取创作灵感,从而引发业界轰动。而有的美术家、艺术家还身体力行,当起了设计师,亦成美谈。他们不仅是当时画坛的巨擘,而且还是对服装界产生重大影响的大家。本章就此展开服装与现代艺术之关系,并对各主要艺术思潮对服装发展所起的作用进行简要的叙述。

第一节 现代服装与现代艺术结缘

平时,人们常用诸如"古典主义""古典的""现代"等词汇来形容某类服装,有些流行发布会的主题还会以某某艺术家之名来命名,也有以某种艺术风潮的名义出现,而服装评论家则借助艺术流派的理念去解读服装艺术文化。的确,很多艺术流派与服装存在着密切的映射关系,诸多经典艺术和现代艺术的表现形式和构成方式,对现代服装的影响越来越大,日益成为构成设计的重要元素。为使人们对其有所了解,下面先对现代艺术进行简单的回顾。

一、现代艺术缘起

19世纪后期,西方艺术出现了很大的变化,科学、思想等领域中的新成果、新思维不断涌现,催生了许多新艺术流派的出现。这就使20世纪文学、美术、戏剧、音乐、电影等发生了颠覆性变化:改变审美认识、极大丰富生活,影响久远,形成西方艺术主流的现代艺术。

(一)现代艺术的萌发

19世纪末和20世纪初,西方主要资本主义国家如英国、美国、法国、德国、俄国等已基本形成。但并这不意味着给社会带来平安、幸福和稳定。新兴资产阶级对资本积累的贪婪和殖民统治的建立,瓜分世界势力范围的两次世界大战的酝酿和爆发,使社会各阶级、阶层的人们都不同程度地付出了沉重的代价。所有这些,就成了西方现代艺术萌芽的社会土壤。

而处于当时城市相对繁荣、思想相对活跃的法、德等国,胸怀抱负的知识分子、艺术家,目睹、体验了当时社会的这一现状,他们变得焦虑不安、苦闷彷徨,有的更是远离现实、孤芳自赏等,并藉以表现最基本的艺术情感。加上新兴资产阶级张扬人性,提倡所谓的"自由、平等、博爱",致使思想相对活跃的知识分子中出现了许多新的哲学、心理学思维方式和理论,如尼采的唯意志论哲学、柏格森的生命哲学、弗洛伊德的精神分析心理学等,还有其他领域的如天文、地理和自然科学等许多新的科学发现,都使人大开眼界。这使标新立异的艺术家大受启发,从而促使他们对艺术思维和表现手法创新构建,并成了当时的时髦。

由于各艺术流派(或派别)产生的时代背景、艺术主张、影响众寡、范围大小、聚合离散等因素的不同,致使派别众多,花样百出,就如走马灯一样。若平均计算,每种流派兴盛期也只有四五年存在时间。仅以现代派美术的流派(含社团机构)而言,据《现代艺术词典》记载,共有70个左右的条目。而能形成气候,既为当时拥戴,又对后世影响较大的,也就是人们所熟悉的几大派别。为便于理解,本书以其产生为主线,择其要依次略作介绍。

(二)现代艺术概述

现代艺术最早的应该是印象派绘画,如毕加索、莫奈、雷诺阿等,他们的创新之处在于背离传统素描的明暗技法,重视色彩分析,如毕沙罗发明的点彩法,莫奈和雷诺阿强调到阳光下写生,表现阳光下各种明媚的色彩感。但真正开创现代美术的是"现代绘画之父"塞尚。塞尚终生孤独,独自一人致力于用色彩来表现事物最基本的形态结构,即追求色彩关系中的造型。他认为人的感觉是混乱的,绘画就是要摆脱自己感觉上的混乱,表现出真正的自然秩序和艺术秩序。此后的印象派代表高更、梵高等人的画风大变,以主观、粗犷的色彩造型替代了细腻、富于质感的传统绘画。由此,相关美术史著作称塞尚之后的印象派为后印象派。

之后,法国的野兽派出现,与之遥相呼应的是德国的表现主义。该派的艺术风格和理念强调主体的艺术表现,如表现直觉和梦境感应等。他们的作品笔触狂野,色彩鲜艳浓郁,造型夸张、变异,代表人物是马蒂斯。还有以毕加索为代表的立体派,以结构变异而独树一帜,即以主观的结构原则代替现实的感觉原则,其内容是需主观分析才能找到的立体感觉。而以康定斯基为代表的抽象主义,则倡导"艺术的抽象""艺术的精神"的画风,以抽象的色块、线条的构成来表现人类的精神。

众多绘画流派都以最时髦的口号、主张和表现手法纷纷亮相,皆以新颖相标榜,如有未来派、达达派、超现实主义等多种画派相继产生。这些画派名称虽不相同,但都主张艺术要面向未来,要前卫和先锋一些,完全背离传统;主张艺术的直觉,主张自我表现。这些画派聚散不定,由于各人的行为动机和个性差异,或分道扬镳,或另立门户,或貌合神离,因而很不稳固。以致到了后期,有些人从根本上否定艺术,强调精神表现。有的人将公厕便池命名为《泉》送去参展,有的人在达·芬奇《蒙娜丽莎》原画照片上添个胡子,也自命是"创作",这便丧失了美的表现和表现美的艺术本性。

(三)影响至今探因

现代艺术发展至今,之所以具有较大影响,原因就在于其中有许多值得学习、借鉴的合理的内容。如早期现代艺术印象派的美学观念、技法表现、创作成果等,有很多应该加强发掘和实践。立体派和抽象派后来的作品,也需要美术界去耐心总结,毕加索、康定斯基等现代派艺术大师,确是值得后辈学人尊敬和认真学习的。毕加索对画风探索用力颇多,其中的经验很值得研究,关键是他的创造和艺术表现并没有与现实生活完全脱离,如巨作《格尔尼卡》的问世,赢得世人的普遍赞誉和尊崇。而康定斯基《论艺术的精神》的出版,其论题艺术创造"内在的需要"之提出,强调以点、线、色彩和抽象造型来表达思想、传达感情的艺术主张,弥补了现代艺术家反理性的某些不足。当然,这些理论亦同样为现代社会所推崇。现代艺术是"将被禁锢的人们的思想和被封闭的人们的视野——打开,让人们认识到艺术的多样化、多重性和多境界。"[1]时至今日,现代艺术还在人们的生活中发挥作用。就服装而言,它对服装的设计风格、装饰风格、色彩风格这三方面,表现为一种艺术的纽带。

二、设计风格结缘

"风格"一词,在现代社会出现频率较高,诸如说话、办事、穿衣等,都可以概括出"某某风格",它是一种个人特点的显示。这里,叙述的是艺术领域的风格问题。根据专业工具书所称,风格是作家、艺术家在创作中所表现出来的创作个性和艺术特色。[2]就目前设计界而论,服装的设计风格是指在整个作品中所透露出的倾向性的设计个性和艺术特色,它可以是设计师个人的,也可以是企业的,或两者兼而有之。此处仅对服装设计受现代艺术风格之影响,择主要的有代表性的作些介绍。

(一)古典风格

"古典风格"指"古典主义",它是指对古希腊和古罗马文学、艺术、建筑学的倾慕和模仿;广

[1] 廖军.视觉艺术思维[M].北京:中国纺织出版社,2001.
[2] 夏征农.辞海·语词分册(上)[M].上海:上海辞书出版社,2003.

义讲,"古典"往往与"浪漫"相对应,指那些执著于公认的审美理想表现的艺术。德国美学家温克尔曼(Winckelmann,1717—1768)说"古典"是"静穆的伟大,高贵的单纯",如此评述直达"古典"之精髓,堪称经典。简洁、高雅、对称,是其艺术特征,即严格忠实于艺术的规范。在其往后的历史进程中,"古典"继续在艺术史中发挥着作用。评论家为清晰区分,对18世纪以来"古典"的不同流派分别以"新古典""泛古典"相称,而对这些具有广义的"古典"的艺术特点,则用"古典主义风格"加以形容。这对服装设计来讲是个非常重要的艺术流派,它不仅在服装中有明显的映现,影响深远,而且在现代服装设计中占有重要的地位,并形成自身的设计规律,特别在女装方面,是表现"庄重与宁静感"之题材的好形式(图9-1,图9-2)。

图9-1 《雷卡米埃夫人》,弗朗索瓦·热拉尔1805年作油画。图中形象身材丰腴,肌肤光洁,散发着少女的馨香;双目清澈明亮,闪烁着快乐,嘴角之笑意,透露着内心的喜悦;长裙薄透,拥被而坐,遮掩不住是的青春之魅力

图9-2 款式简单,追寻淡雅、自然、节制之美,取代巴洛克与洛可可艺术风格之华丽而夸张的服装款式,是1790年到1820年间,服装史称"新古典主义风格"。此款为1959年迪奥品牌之设计

(二)波普风格

"POP"是"Popular"的缩写,意为"通俗性的、流行性的",兴于20世纪60年代的美国和英国。"波普艺术"(Pop Art)指的是"大众化的""便宜的""大量生产的""年轻的""趣味性的""商品化的""即时性的""片刻性的"形态与精神的艺术风格,通过塑造夸张的产品造型和比现实更典型的形象,缓解现代主义的紧张感和严肃感,为休闲享乐打开了便利之门,是20世纪60年代世界设计风格的代名词。在家居、服装复古风劲吹之当今,它又充当了时尚的

化身。波普风格服装设计中光亮材料、色彩鲜艳的人造皮革、涂层织物和塑料制品大量出现（图9-3），造型设计突破陈规旧俗，色彩大胆而强烈，为年轻一族、职业女性所喜爱，成了新时代的风尚。

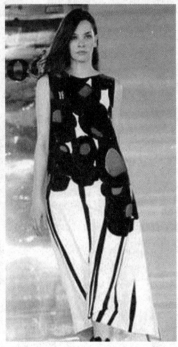

图9-3　波普艺术的服装

　　从上述定义还可看出，波普艺术旨在打破生活和艺术的界限，努力消除艺术中的高雅、低俗之分，开辟了大众化、通俗化、商业化的艺术走向，使各种商业内容、生活用品、日常琐事都可以作为表现的对象，所以，"它与世俗生活的界限变得越来越不明显，常常具有时尚色彩和商业色彩"[1]，这就为包括服装在内的产品开拓了新的空间，以适合大众消费的标新立异、变换口味，具有积极意义。

（三）立体派（立体主义）

主体派（立体主义）是源于1907年至1914年法国的"立体主义"（Art Noureau）绘画流派，对服装的影响巨大而持久。立体派（立体主义）是由法国人保尔·布瓦列特（Paul Poiret，1879—1944）向"新样式艺术"（Art Noureau）繁琐累赘的"S"服装发起的革命性挑战，使服装史就此翻开新的一页。

许多世界著名设计师都争先恐后地在其中寻求灵感，以期借鉴、吸收，用形象而有力的服饰语言予以表达。早在20世纪30年代，意大利女设计师施爱帕尔莉（Elso Schiabarelli）就指出，服装设计应该如同建筑、雕塑般有"空间感"和"立体感"。日本著名设计师小筱顺子（Junk Koshino）更是被称作"最能传达毕加索作品概念的艺术工作者"，她最擅长几何图案与色彩分割的表现手法（图9-4），以反映对未来世界的向往和独特表现。服装大师伊夫·圣·洛朗在1988年巴黎春夏时装发布会上，别出心裁地运用布拉克的画作中的白鸟由一化为二，还采用了一大一小、俯仰来去的形式以求丰富与变化，面料为深蓝色缎子，衣料上镶衲图案（图9-5），颇具夸张感，色彩强烈，大有离开人体而独立之势。

图9-4　小筱顺子立体派的设计，喜用几何图案和色彩分割法的组合

图9-5　伊夫·圣·洛朗以超现实主义画家布拉克作品的画意而设计的服装

（四）未来主义

盛行于意大利的"未来主义"（futurism）绘画流派，主张未来艺术应具有"现代感觉"，应表现现代文明的速度、暴力、剧烈运动、音响和四度空间。服装主要通过造型、色彩和面料图案加以表达。前卫设计师让·保罗·戈尔捷的太空系列造型奇异，结构线条分割丰富精致，以不同质材强调身体的主要部位。安德列·库雷热（Aneire Courreges）问世于20世纪60年代末未来

[1]　王令中.视觉艺术心理[M].北京:人民美术出版社,2005:186.

主义风格的作品,其轮廓明晰、线条肯定、图案简洁和无彩色对比的形象,给人以莫测的未来印象。其实,这种风格的服装,很大程度表现的是"极少主义"(Minimulism),这种"最简单派艺术"主张用单纯的色彩、简洁的结构传达设计思想,是以后设计师们一直所奉行的经典,直至当今。2007 年秋冬以来,未来主义驰骋愈甚(图 9-6),服装界藉以颠覆传统的面料表现明日未来之畅想。

图 9-6　未来主义风格的服装

(五)超现实主义

　　这是一个不容忽视、自产生起就不断影响服装的艺术流派——超现实主义(SurrealimStyle)。它因法国作家布列东在巴黎先后发表的两次"超现实主义宣言"(1924—1929 年)而知名于世,是第一次世界大战后流行于欧洲的一种资产阶级文艺思潮。该派受弗洛伊德的精神分析学和潜意识心理学理论的影响,宣称在现实世界之外还有一个"彼岸"世界,即无意识和潜意识的非理性世界,并认为这后一世界比前一世界更为真实。他们信奉的格言是,事物的真正面目常常与人们得到的第一印象截然不同,主张"下意识""梦境""幻觉""本能"是创作的源泉。这一思潮波及范围相当广,几乎涉及所有的文艺领域,有"超现实主义小说""超现实主义绘画"等,其作品所描绘的一切事物犹如梦中所见,那些出人意料、奇异怪诞、谜语一般的作品,如同萦绕脑际的梦和复杂的潜意识活动的产物。这种任由想象的模式深深影响到服装领域,带出一种史无前例、强调创意性的设计理念。

　　于是,惊世骇俗的图案、眩目的色彩、高跟鞋式的帽子等超常规的作品,塑料、玻璃、金属制品饰物等,都堂而皇之走进了服装设计领域,以明确回应超现实主义艺术家们的格言——事物的真正面目常常与人们得到的第一印象截然不同。其中,公认为"最具艺术家特质"的三宅一生(Isseymiuyake),开创了以日本文化和西方现代精神融为一体的设计风格。他于 1982 年发布的作品,整件服装都用密密细裥的黑漆布做成,以细竹编护胸甲,涂以黑漆,搭配夸张的大斗笠帽和折扇,这完美无缺的日本新女性形象,皆以"超现实主义"手法塑造而成。

美国纽约和英国伦敦的博物馆还举办了超现实主义的服装(时装)展览,获得极大成功,惊动了上达世界一流的服装设计大师,下至服装潮流的追逐者。一时间,巴黎、伦敦、米兰、纽约等服装重镇的一流设计师都加入了这一行列。如日本设计师君岛一郎、法国设计师卡斯特巴杰克等,都有作品问世,于荒诞中见童趣。这种大胆革新、奇思妙想的创作精神,推动了服装设计,使平时看来不可能的怪念头变为现实的作品。"嘴唇"就是其中的有名之作,还引发了服装中的色情主义。拉格菲尔德、洛朗等大师装饰袖口所用的唇形珠宝(图9-7),就是显例。当然,议论也在所难免。有的著述甚至还认为,过去的四年,Prada 品牌之所以能够傲视群雄,关键是有超现实主义作资本。从设计而言,超现实主义于服装设计来说,最大的功绩就是发挥巨大的想象力,把毫不相干的材料组合成新的作品,激发创造灵感,从而开启新思路,是拓宽服装设计视野的一种新思维方式。

图9-7 左图为超现实主义作品。右图为伊夫·圣·洛朗超现实主义的服装设计

首先把超现实主义成功地引进服装设计领域的是埃尔莎·夏帕瑞莉(Elsa Schiaparelli),她在这非理性的服装世界里突发奇想,竟把一只高跟鞋倒扣在头上成了一顶时髦的帽子(图9-8),这不可想象的事竟成了活生生的事实,确实是超现实主义的神来之笔。这不仅因为她第一次想到了服装应表现超现实性,而且其作品还是精美的艺术品,令观者震惊。此举奠定了夏帕瑞莉作为超现实主义服装设计师的地位,也诱发了同行们的设计灵感,并获得"埃尔莎的心灵之窗"的美誉。这是阿拉贡(Aragon)不朽诗篇中的佳句。有趣的是,1980年圣·洛朗设计的一款夜礼服出人意外地用小圆金属片(一说珠片)把阿拉贡的这句诗绣在礼服上,使

图9-8 服装设计师爱尔莎·夏芭亥莉曾把一只高跟鞋倒立着变成一顶时髦的帽子,这是最成功的运用超现实主义理论的神来之笔

服装设计和超现实主义艺术紧密地结合在一起,成为一种新型的艺术品种。

三、装饰风格结缘

说起装饰风格,人们自然会想起以荷兰画家蒙德里安(MondRIan, 1872—1944)为代表的冷抽象艺术思潮。蒙德里安认为,世界的一切秩序和结构都可以抽象简化为方块和直角,以及红、黄、蓝三原色和黑、白、灰附加色,这是他艺术造型的基本特征和全部的艺术语言,冷抽象的称呼就此而来,即把全部的理性和感情融入绝对的矩形和框架之中,这就是蒙德里安所谓的冷静克制。他说:"纯粹和不变的真实是蕴藏在大自然多变的形体之下;这个真实,只有因纯粹的造型才能表现出来。"所以,蒙德里安的作品结构简洁明快,富有气魄,感染力强,因此,很受各种造型艺术的青睐,被引入家具、轻工、建筑、服装等设计领域,很快为实用美术所吸取。如20世纪70年代气压式热水瓶外壳,就是由红、黄、蓝、黑、白、灰这些大小不等的矩形色块所构成,很受消费者的欢迎。

服装上更有大胆的尝试者。伊夫·圣·洛朗1985年来北京展出的作品中,就有蒙德里安这种矩形构成的系列服装,很是吸引人。其中一款无领无袖筒裙就很适合女性夏季穿着(图9-9)。筒裙最令人注目的是黑色分割线,先是三条横向黑线划分出身体的主要部位肩(含颈)、胸、腹;再以一竖直短线于颈部居中,使两肩对称,产生平衡感;最后是一长竖线置于胸侧垂直而下,使裙装主干突现,致使形成筒裙之骨架。加上正身红、白二色的冷暖对比,既醒目又和谐。值得一提的是裙摆一抹黄颜色之陪衬,更可增添穿之轻松和愉快。由于这种设计风格清新宜人,简洁大方,所以向来不乏崇拜者和借鉴者,有变换形态的(变矩形为菱形),有用以命名作主题设计的。日本东京服装设计师宇治正人的作品中,就有蒙德里安色块换位经营的再创作(图9-10),其色块的对比、呼应,无不是艺术规律的体现,从而使这款设计无论远看还是近观,都视觉效果极强,真可谓别具一格的再创造。

图9-9　蒙德里安矩形色块构成法,对包括服装在内的造型设计影响很大,即以其构图造型,为刚打开国门的我国设计界带来一股清新之风

图9-10　在装饰风格艺术思潮的推动下,日本设计师的作品中往往也体现出这种艺术风格

另一派是俄国画家康定斯基（Kandisky，1866—1944）所代表的热抽象。之所以称其为热抽象，主要是以特定的构成符号表现对象较为自由，且多随意性，无固定的模式框架，作品大多热情奔放。这是不同于蒙德里安的构图方式。也正因这一点，康定斯基创立的这种生动活泼的抽象构成也同样很受欢迎。有些学者还把现代服装所具有的潇洒飘逸、不拘形式的观感看作是康定斯基热抽象装饰风格的影响。这种说法虽并不严谨，但就热抽象艺术思潮来说，算是抓住了问题的本质，对服装风格的丰富性具有推动意义。

还有一个是欧普艺术对服装的装饰风格也颇有影响。该艺术流派源于20世纪60年代的欧美。"OP"是"Optical"的缩写，意为视觉上的光学。"欧普艺术"是指利用人们视觉上的错视所形成的绘画艺术，因此，又称作"视觉效应艺术""光效应艺术"。它以视觉动感开展服装图案设计，以强烈的视觉感衬托服装的整体美。这是欧普艺术服装的最大特点。

四、色彩风格结缘

色彩是表现力最强的元素，是表达感情最有效的无声语言。现代服装受现代艺术之色彩影响的，首推马蒂斯。马蒂斯绘画成就最突出之处，便是色彩。他的用色无视传统规律，以极强烈的颜色入画，被斥为"野兽"，遂引而成派。从色彩的装饰美而言，马蒂斯不拘常规的用色，确是以开创性而载入史册的。马蒂斯独特的用色造诣为服装界增添了新的创作手段和手法。巴黎高级时装业创始人波华亥是第一次世界大战前服装界的活跃分子，他的设计多处得益于马蒂斯。就当时纺织品、服装实物来看，多避免用大色块如黄这样的强烈色调，可自从有了马蒂斯的《两个少女》《音乐》等作品的问世，波华亥的服装设计就大为改观，以黄作外套的基色，饰物、腰带等用红或蓝，似从马蒂斯画作中化出，所以也有"时装界的野兽派"之称。1981年秋冬，伊夫·圣·洛朗还以马蒂斯之名设计过一件塔夫绸的晚礼服。

同时，毕加索也是必须予以重视的。毕加索的艺术贡献是多方面的，他不仅以绘画著名，还喜爱木雕艺术，如南非那种小脑袋、短发、长脖子、表面光滑的雕像，是服装模特的理想形象，以致促成模特行业的诞生。而立体派绘画、雕塑等艺术形式，竟也由此而生。著名设计大师夏奈尔就借鉴其艺术原理，成功设计了正方形羊毛背心和矩形短裙套装，以简洁表示力度。这在服装界是一种创新的设计思路。洛朗1979/1980的时装发布会，更冠以"毕加索云纹晚装"之名，直达主题，以绿、黄、蓝、紫、黑等对比强烈的缎子，镶纳于裙腰以下，以大红为背景，从而构成多变的涡形"云纹"。从内容到形式显然受毕加索艺术影响之所为。

这些人虽以画家名垂于史，但他们也有服装佳作传世。20世纪50年代前苏联佳吉列夫巴蕾舞团从彼得堡到巴黎演出，曾邀请马蒂斯和毕加索等人设计舞台服装。这次演出使巴黎市民在欣赏芭蕾舞精湛演技之余，还对其服装的色彩、装饰和面料的质感有了一个新的认识，一直延续到20世纪70年代以后，并时时不断被复活而成时兴之装。

现代艺术在整个艺术史上的地位毋容置疑，在服装史上也有重要地位。现代艺术与服装简直达到水乳交融之境地。为什么？因为现代艺术追求形式美之目标，被服装界视作"知音"，产生共鸣，这是目的相同所致。一座建筑物或一幅绘画作品，其构成因素之点、线、面、色块等，无不具有强烈的形式感，而这也正是服装设计所要着力表达的。就如蒙德里安作品中所用垂直、水平等线条及正方形和长方形构成，若让美术爱好者认可，恐怕是件难事。可到了服装设计师的案头，却使他们灵感大增，思路泉涌。早些年市场颇觉新奇、亦被相当看好的"蒙德里安裙"

"蒙德里安毛衫"，就受蒙德里安的《红、黄、蓝三色构图》之启发。据此，人们才得以了解现代艺术和某些现代派艺术家，这不能不归功于服装界的推力（图9-11）。这种结缘，使两种艺术交汇融合，而生发出崭新的审美光彩。可以说，服装设计师使现代艺术得以发扬光大，而与穿着艺术的设计结缘，使现代艺术更加大众化、平民化、普及化，乃至进入一个新的发展天地。现代艺术思潮成了时新服装不断问世的催化剂。

需要补充的是后现代主义。这是种复杂的现象，它的文化内涵、社会背景和主要特征及美学观念值得研究。后现代主义的服装设计原则是重视人的多种情感，其影响主要表现在款式、结构、穿着、色彩、材质等方面，具有追求剪裁的单纯美、穿着的自由美（挣脱束缚）、材质的多样美（挣脱唯布创作束缚）、茶道的禅意美（挣脱唯西方创作束缚）、返朴归真的美等特色，呈现其丰富多样的特点。这种挣脱束缚的特性，表现范围很广。例如流行最前端，与艺人、次文化偶像、流行乐坛、大众媒体等结合的三宅一生。艺人麦当娜（Madonna）在20世纪90年代初"内衣外穿"所带动的流行风潮，基本上也是一种挣脱束缚的后现代现象。

最后，还要说的是行为艺术，这在艺术领域是个颇受关注、又争论不断的话题。由于创作者中有以自虐、伤害、血腥等极端、超常的行为，作为演绎艺术思想的一种表述方式，即

图9-11　直至21世纪初，蒙德里安这种矩形色块的构型风格，还在发生影响。

一种自由的生命活动，直接挑战人性和道德底线，如情人节找花草树木谈恋爱、和骡子结婚等荒诞不经、千奇百怪的常人根本无法理解之"行为"，所以，人们在认识上发生严重偏差。再者，其活动还有悖于市场空间、公共秩序甚至法律法规等，这就导致了社会认同度的极为低下，当然，也就更难以融入社会。不过，在当下这个多元化的时代，行为艺术作为一种艺术流派，在其创作过程之"行为"，难免会被有心的服装设计师悟出些许个中门道，触发灵感，进而推出新作。当年，超现实主义的问世，也饱受批评、诘难。对此，人们不妨对这种以探索思考人生、生命的艺术方式，视为拓宽艺术思路的一种行为。

第二节　现代服装与造型艺术的关系

造型艺术的范围很广，如工艺美术、雕塑、建筑等，其中服装与建筑的关系最为密切。这里主要就建筑展开。

一、建筑与服装之关联

建筑是凝固的音乐,服装是流动的建筑。从设计而论,两者相通之处较多,都以人体保护为最终目的,即构建人体外在保护物,并就此功能展开造型和装饰。艺术理论称两者同属"空间艺术"范畴。台湾著名建筑设计师、建筑教育家苏喻哲在论建筑与服装的空间关系时,曾说道:"建筑与服装看似两个不同范畴的艺术创作,其实在设计这个领域中,只是实体上切入及表达的方式不同,在精神上,它们同为'空间设计的艺术创作'",且创作时情境的塑造、想象力的重要及情感的投入,都有类似强调之必要。"因为唯有作品注入设计师的情感才会有生命,感动自己也感动别人"。这是两者在创作设计上的共通之处。

黑格尔在论述美学时,也曾以建筑和服装为例进行过分析,他说:"具有艺术性的服装有一个原则:那就是它也要像建筑作品那样来处理……大衣就像一座人在其中能自由走动的房子……这种自由的形状构造只通过姿势而取得一些特殊的变化"[1]

服装与建筑同为艺术审美之对象,两者也是相通的,虽必处某一立体时空状态,区别仅为一是固体静态,另一呈现软体动态,但都是以线条组合、形式节奏、色彩变化、空间搭配等艺术手段,来引发人们的联想,以致获得审美感受。再就服装发展看,建筑造型特征往往对服装造型产生较大影响。如包豪斯建筑与服装设计之联系,就是显例。

二、包豪斯建筑

"包豪斯"全称"公立包豪斯学校",是一所培养建筑人才的专门学校,由36岁的德国建筑师格罗皮乌斯任校长。"包豪斯"是德语"Bauhaus"的译音,由德语"Hausbau(房屋建筑)"一词倒置而成。该校积极倡导艺术与技术的结合,主张"功能第一,形式第二"。因此前欧洲建筑结构与造型复杂而华丽,尖塔、廊柱、窗洞、拱顶,无论是哥特式样还是维多利亚风格,强调的都是宗教神话对世俗生活的影响,这样的建筑是无法适应工业化大批量生产的。对此,格罗皮乌斯要求:既是艺术的又是科学的,既是设计的又是实用的,更是能够在工厂的流水线上大批量生产制造的。

至20世纪20年代,西方现代建筑中的一个重要派别——现代主义建筑学派,就这样形成了,主张适应现代大工业的生产和生活需要,摆脱传统建筑形式的束缚,以讲求建筑功能、技术和经济效益为特征,又称为现代派建筑。包豪斯一词,又指这个学派。

包豪斯的创立是德国工业高速发展的产物,强调在建筑设计和工业设计中,以几何形的造型风格满足当时求新、求变的审美心理之实用需要。这种简洁的几何形式的造型风格到20世纪中叶形成整体的直线、抛物线形几何型构件,大量出现在建筑、装饰乃至各种产品的造型和装饰之中,使人们耳目一新,恰似商业社会追求快捷和效率的催化剂,而很快风靡世界。

三、服装与建筑追求相通

服装设计与包豪斯的设计主张血脉相连,互为补充。从功能角度来考虑,实用、简洁、明快、美观等正是服装设计师的理想追求。夏奈尔的作品与包豪斯的主张多有吻合之处。夏奈尔提出女装应该简洁实用,甚至不应有一粒多余的纽扣装饰,其作品注重服装的活动功能,即从服装

---

[1] 黑格尔.美学(三)[M].北京:商务印书馆,1979.

的客观存在——线条出发,使女性穿着舒适、得体、雅致、大方。这既是功能意义的实践,更是包豪斯简约艺术风格的再现。

迪奥裁剪得体的臀围造型,采用逐渐展宽的极其自然的造型手法,明显可以看到包豪斯的影子。迪奥设计线条有力、造型率直的风格,即为包豪斯艺术重视设计流线型的活化。由于合乎社会发展和女性爱美之心,至今仍光彩照人,成为现代设计的典范。而金属光泽的珠片和机制品作装饰,间以令人眩目的抽象曲线图案的采用(视幻艺术中的纤细材料),明显可以看出包豪斯的影响。20 世纪 60 年代,波尔卡点纹和波纹的大胆创新组合,突破传统两种纹样的规范,以及几何纹服装的风行,皆是服装设计师对几何纹有了新认识之后的力作。而巴黎设计师古亥格和冈特的设计则将立体派和视幻艺术特色杂糅一起而自创新式廓型。他所设计的矩型短裙和筒型长裤,面料图案为动态曲线,增强了服装的新颖性,充满了青春气息。可见包豪斯艺术的生命力及其影响力之强盛。[1]

四、"新艺术运动"

"新艺术运动"作为造型艺术的一种风格,对服装的影响也是很明显的。这是 19 世纪末、20 世纪初在欧洲和美国兴起的一场具有重大影响的装饰艺术运动。"新艺术"装饰形式取法于自然,其特点是采用有机形态强化曲线表现,大量卷曲自如的形式,有如植物之藤蔓。这种风格影响很大,渗透到当时的各个领域,从平面设计、绘画、雕塑到家具、建筑、工艺品,都可见"新艺术"之踪迹。西班牙的安东尼奥·高迪是建筑设计方面的突出代表,他的建筑设计充满了不规则的自然曲线,具有自然主义返朴归真的风格,巴塞罗那的建筑是其经典设计。有记载还说,他那自然随意的穿戴与这种艺术风格一脉相承。[2] 图 9-12 就是"新艺术运动"时期十分讲究的刺绣装饰时髦女装。

因建筑材料的革新,使巴黎埃菲尔铁塔和伦敦水晶宫那样的建筑物成为可能。20 世纪新材料、新结构、新几何形式,又为建筑业广泛采用,并同样使服装业受惠。特别是两次世界大战后建设力度的强化,更使新兴城市之建筑呈"蒸蒸日上"之势。服装设计亦与"势"俱进,其造型趋势与建筑、雕塑基本一脉相承(图 9-13、图 9-14),吻合度之高惊人。甚至 20 世纪 50 年代,为证明帽子成为必然的配套装饰,竟有"没有戴帽子的装扮,就像一栋没有屋顶的房屋一样"的说法。建筑与服装服饰关系之密切,由此可窥一斑。

图9-12 "新艺术运动"时期时髦女装的杰作

---

[1] 杨小凯.新潮着装艺术[M].北京:中国国际广播出版社,1988.
[2] 王令中.视觉艺术心理[M].北京:人民美术出版社,2005.

图9-13　服装设计、发式流行趋势等与建筑造型之映衬和关联
（如苏黎世民族博物馆、塔脱林"国际之塔"（20世纪60年代））

图9-14　服装设计、发式流行趋势等与建筑造型之映衬和关联（如苏黎世民族博物馆、塔脱林"国际之塔"（20世纪60年代））

五、行业人才渊源性

从服装界本身来说，设计师和建筑业有一种渊源关系。其中不少服装设计师就是学成于建筑专业，转行投身服装设计的。影响巨大如迪奥，从小就对建筑很感兴趣。其遗言"衣服是把女性肉体的比例显得更美的瞬间建筑"，更是精到的经验之概括。[1]意大利高级成衣设计师罗米欧·吉里（Romeo Gigli），在大学专修建筑。还有意大利高级成衣设计师简弗朗科·费雷（Gianfranco Ferre），既毕业于建筑系，还从事室内装饰设计。君岛一郎是国内业界所熟知的日本著名设计师，早年就对服装设计很感兴趣，可经济条件不允许。他进入专业的学校学习，只能一边学习建筑设计，并以此为业，一边再自学服装设计，用建筑设计赚来的钱供学服装设计。这些设计师的建筑专业的基础，对他们日后服装设计成就的取得，具有积极的促进作用。

而更多的设计师则从实践中领悟到服装设计与建筑间的密切关联。早在20世纪30年代，意大利女设计师施爱帕尔莉（Elso Schiabarelli）就指出，服装设计应该有如同建筑、雕塑般的"空间感"和"立体感"。日本著名设计师小筱顺子（Junk Koshino）就是被称作"最能传达毕加索作品概念的艺术工作者"，她最擅长几何图案与色彩分割的表现手法，以反映对未来世界的向往与独特想象力。经长年劳作，探知到服装与建筑的关系，而被誉为"服装界的建筑师"的意大利的Gianfranco Ferré在着手构思时，脑中常常把"服装想象成一座建筑的外观"，他总是以简洁却又非常醒目的线条来架构服装，且表现于人体，比例相当契合，使穿着能展现更佳的体型轮廓。他这种风格遍及技艺精湛的套装、连身衣、晚宴服、上班服、针织衣、泳装等各大类，都衣身合度，光

---

[1]　曲江月.中外服饰文化[M].哈尔滨:黑龙江美术出版社,1999.

彩照人,他因而获得"时尚人心中永远的设计大师"的美誉。此皆得建筑之功力。

国内亦有建筑师与服装设计师联手合力推出佳作而引起关注的。2008年央视春节晚会某歌唱家的演出服,由纯白瞬间(8秒钟)变成正红(中国红),把全场热烈的气氛一下子推向了高潮。这是建筑与服装联姻之果。相信今后会有更多的作品不断赢得市场。

由于建筑和服装的关联性近乎天然,所以,建筑风格的服装总会时时应市。观国际时装发布,这种倾向就很明显,服装设计师不断从雕塑和建筑获取设计灵感。进入新世纪后,城镇化建设的提速势必使建筑业更有较大的发展,新颖建筑物也将不断涌现,想必定会对服装产生新的影响。届时,服装业将会呈现另一番的多姿多彩。

第三节　现代服装与表演艺术的关系

表演艺术包括电影、电视、话剧、戏曲等,是以剧本为基础,通过演员的表演来完成剧情的综合性艺术。这些艺术形式塑造角色、演示剧情,都必须借服装以包装而展开,马虎不得。

美国人拍摄《太阳帝国》时,除从国外运来上百箱服装外,还在中国和其他国家赶制了整整几卡车的新衣,并特意做旧,连管理服装的人也多达几十个,更租了个大摄影棚作服装工作室。可见服装在剧组地位之重要。

服装之于表演艺术,就是为了更好地刻划、塑造演员在剧中所担任的角色,为衬托、配合人物服务,即符合人物的性格、心理、所处环境、人物关系,不是什么衣服都可以随意穿到剧中去的。它是根据剧情需要而精心设计、特意安排的。因为服装和场景有种微妙的互动关系。否则,因服装的处理不当,不仅不能完成剧情,而且还会遭致议论。服装是引导观众进入剧情的媒介,是桥梁。千万不要以为现代题材的影视剧容易搞,只要准备好几大箱时髦衣服,就可以进行艺术表演了。这是种误解。不能把服装与艺术表演划等号。只有符合剧情需要的服装,才能通过演员行为深化主题,吸引观众,为作品的艺术性张目,扩大欣赏范围,提高社会知名度。而人物造型师就是担此重任者。下面就此略作展开。

一、角色的传神符号

演员饰演剧中之角色,是按剧本规定演绎剧情的,其言行举止皆以剧情需要为宗旨。服装作为演员展示角色的外在物质符号,发挥着重要的作用,就表演情景而言,仅是种道具而已。《我爱我家》是人们都很熟悉、很喜欢看的一部电视剧。剧中葛优饰演二赖子,对其形象人们印象颇深,大多依其外在可忆起角色之模样:衣着邋遢、落伍、混混,一个上访者,且葛优的领悟力又极强,加上这身"行头",竟把这个混混演得如同在生活中一般。服装实为点睛之笔。演员演得出色,服装设计师对角色着装理解准确,两者相辅相成,不可或缺。

《北京人在纽约》中有场中央公园两主角告别的戏,服装设计师就必须考虑到配戏演员服装之间的和谐,以及剧情的需要。王启明(姜文饰)穿黑色大衣配白围巾,阿春(王姬饰)披红色风衣。这里的服装色彩恰当地烘托了双方的心理活动:前者有意拉开与阿春的距离,而后者热情似火,意欲挽留王启明,服装是这两种截然相反心理状态的外化。再换个角度看,这红、黑、白之亮色与深色,也把灰色调的中央公园点缀得有些动感,并有种生机和醒目感(图9-15)。

图9-15 《北京人在纽约》分别之场景:空旷、肃杀的中央公园中,阿春身穿红色风衣,王启明身穿黑色大衣,既是色彩的强烈对比,亦是两人不同心理的恰当传达

表演艺术中的服装不是随意穿的,它是为人物造型、展示个性、塑造命运等服务的。服装是为角色服务的,要穿出生命就必须和穿着者结合。香港著名影视服装设计师叶锦添说得好:"任何服饰都各具精神,但绝对必须与穿着者的态度加以结合,才能传达出一件衣服的生命力,否则根本无法展现出服饰所具有的特色。"

二、创造时尚热点

现代服装与影视艺术的完美结合,既刻划人物、叙述剧情、满足欣赏,还可创造流行新潮,满足市场需求,有时更成几代人的审美对象。1953年,电影《罗马假日》的播映使世界各地形成了颇具规模的对主角的崇拜热。主演奥黛丽·赫本以她那不同凡响的气质和俏丽的形象深入人心:一头短发,鸡翼袖衬衫配雨伞裙,即人所称道的经典"赫本装"。50年来,这款装束总在有意无意间领导着服装潮流,影响从未间断。这里,电影故事情节铺展有序,紧扣人心,剧终难舍,艺术的演示力于此可见;而演出之着装几十年来依然受宠于时尚界,依然以各种形式得以复活。这是服装艺术的魅力。如此电影表演和服装表现,堪称经典。

《欲望号街车》亦有相同之功。剧中主演所穿之 T 恤,当时人并不太在意,然因马龙·白兰度的穿着亮相,所以,人多以此为时髦,纷纷模仿,几成社会之风尚。这表明,影视等表演艺术往往还会成为时尚之源。

三、暗示剧情发展

上述表明,剧中角色服装除与人物年龄、性格,身份特征相吻合外,它还是剧中人身份、地位、生活境遇、情感改变的最直接反映。所以,影视、戏剧等表演艺术中的服装设计,还是寄予情节变化发展的重要载体,即情节发展的趋势需要以服装来暗示。

电影《百万英镑》的开始,男主角头发凌乱,身着破旧黑外衣和磨得发白的牛仔裤。这是个落魄在英国的美国年轻人,处处碰壁,求职被嘲笑,到服装店买衣服遭受店员歧视。可当他亮出"百万英镑"支票时,骤然间,所有人对他的态度都发生了剧变。他靠着这张虚无的支票摇身一变,成了身着燕尾服的成功人士,所有见到他的人都用"青年才俊""富有魅力"等词来奉承他、赞美他。这戏剧性的变化,就在于他的服装直接透露了他上层社会的身份地位。服装对情节的发展起了非常重要的推动作用。

《姨妈的后现代生活》中，斯琴高娃凭着精湛的演技将"姨妈"这一角色的性格特征和命运变化展现得淋漓尽致。影片着力在"姨妈"向往高质量生活而又极端抠门的性格的刻画。"姨妈"初现火车站时边寻找侄子，边以精致小手帕擦汗，头梳古典发髻，身着绿色连衣裙、高跟鞋，打着与衣服相同色系的雨伞。这装束告诉人们，"姨妈"是个会打扮、讲究生活的上海女人。随着剧情的进展，她的这一性格就逐渐显露出来。最典型的是游泳这场戏，她竟然不顾自身形象，坚持用自己编织的红色毛线泳衣。这种以牺牲体形为节俭，且只是一款不大的泳衣，实在让人不敢恭维。然而正是这与所有积蓄最终被骗的痛苦难忍而形成强烈对比。这无情的残酷打击，催她衰老。最后，"姨妈"满头白发，缠着东北妇女的头巾，身裹大棉袄在街边啃馒头。从火车站到街边，"姨妈"的形象发生了太大的变化，而观众就是从服装造型的更替，看到了"姨妈"命运的起伏，及其凄凉的晚境。服装的替换渲染了剧情的氛围，亦推动了故事的发展，从而使这一人物形象深深地留在观众的记忆之中。

四、互动共享市场

好的作品，特别是经典佳作，往往为世人所津津乐道，其艺术形象更能长久地活跃于人们的记忆之中，成为人们心中的经典形象。虽说角色是导演和演员、摄影、照明等共同创作完成的，但绝对离不开服装。奥黛丽·赫本之所以成为"青春偶像"，服装起了重要的衬托作用。"赫本模式"广受观众、社会的喜爱，且历久弥新。这是世界著名服装设计大师纪梵希和奥黛丽·赫本两人联手塑造的。如《萨布里娜》（又名《窈窕淑女》）《巴黎的秘密》《第凡内早餐》《夏拉德》《妙女贼》等七部影片使他们在各自的领域都获得了巨大的成功。其实，著名的演员都有自己的专职服装设计师，并与他们保持着良好的朋友式关系（图9-16），且都不讳言自己的设计受奥黛丽·赫本穿衣风格的影响。如美国具贵族风格的服装名牌Ralph Lauren 和好莱坞数一数二的晚装设计师 Vera Wang 等。这些设计师一致认为，奥黛丽·赫本衣着风格最吸引人的地方，是她将一些简单的衣服搭配在一起，穿出珠光宝气般的光彩。

图9-16　著名演员和专职服装设计师，两者的关系如同朋友

从影视作品中获取灵感，创作收获颇丰，这是服装界的共同感受。他们认识到，从视影作品中汲取设计元素，是条打开通路、尽快立足市场的捷径。其中，最好的例子莫过于乔治·阿玛尼（Giorgio Armani）。20世纪70年代，他设计的服装仍局限于高级保守型样式。但随着《美国舞男》的公映，也许更是由于理查德·格由（Richard Gere）的精彩表演，一夜间每个人都想拥有一款阿玛尼设计的服装。

应该说，现代服装从表演艺术获取了很大的收益，而以从影视作品的获益最为显著。不仅是设计师从中获取灵感，推出佳作，服装销售商也从中尝到了甜头。这样的例子不胜枚举。《日瓦戈医生》（Docter Zhivago）取得成功后，主人翁奥马·夏里夫（Omar Sharif）所穿双排扣战壕式外套（图9-17）一经露面，就告售罄。许多男装零售商甚至只销这款服装，其他一概不售。而

《走出非洲》(Out of Africa)中的猎装(图9-18),就引起各时装杂志和时装店的极大兴趣,并成了去肯尼亚旅游的必备装束。我国因此也受到该流行思潮的影响,20世纪90年代,猎装成为市场新宠,与该电影的播放不无关系。英雄故事电影也为时装界提供了丰富的创作素材。如描写印度的经典之作《印度之行》(A Passage to India)和《甘地传》(Gandhi)成功放映,服装界紧跟其后,疯狂地选用色彩大胆醒目的真丝,制成具有东方风格的宽松长袍,着实火了一阵子。

图9-17 影片《日瓦戈医生》中奥马穿着的双排扣外套

图9-18 电影《走出非洲》男主角所穿狩猎夹克,即20世纪80年代流行的猎装

据此可以说,服装设计师应主动、积极与影视演员强化联系与合作,为艺术角色设计创作演出所需之服装,实现双赢。两者应是互助有为的至爱亲朋。须指出的是,这与生活装不能混为一谈。电影服装跟现实中的服装相比,本质区别是电影的服装是为剧情服务的,要把演员带到角色里去,要使观众相信演员就是角色本身。现实的服装对应着时代中的人与人的关系,用形与色标示着装者的身份和地位、生活品位与生活状况。此处虽说电影,但其他表演艺术也应如此。

第十章

我国服装产业集群的文化特色

　　20世纪90年代初,浙江奉化市政府和上海精品商厦共同举办"奉化服装万里行",笔者应组委会之邀,到奉化参观、考察当地的服装企业,在惊讶这许多颇具规模的男装企业之余,心存疑虑:这些企业将如何发展? 其实,大可不必担忧。这正是酝酿了日后区位品牌服装的产业集群。本章就从产业集群入手,探索其形成特点及其对地域经济的助推作用,以及参与国际化市场竞争的必要性。

第一节　服装区域经济的形成

　　伴随着全球经济一体化步伐的加快,制造业的竞争已从单纯的企业战略逐步向全方位的集聚战略转变,即产业集聚,服装行业较为明显。只要对市场稍有了解,大家就能很快说出几个区域及其代表品牌。这是以地域为基础逐步演化、扩展而成的,以地域特色为文化核心,担负着区域经济发展的重任。集群是现代产业发展的一个重要趋势,是强化国力的组成部分。

　　从单打独斗的企业个体行为发展到产业集群的群体力量,是企业发展、参与国际竞争的必然。集群是一个国家经济实力的象征。

一、产业集群强国之道

　　在谈本主题之前,先了解一下什么是产业集群(Industrial Cluster)。美国哈佛大学迈克尔·波特教授在其《国家竞争优势》(1990 年版)一书中对产业集群有所定义,它是指在既竞争又合作的特定领域内,彼此关联的公司、专业供应商、服务供应商和相关产业的企业以及政府和其他相关机构的地理集聚体。简言之,就是"物以类聚"。在某特定领域,大量产业联系密切的企业(一业为主),生产同类产品或提供同类服务的相关企业在一定地理空间上,形成强劲、持续竞争优势的集聚现象,内部实行市场化、专业化的分工、协作,形成的产业链的集聚效应。这既是产业成长过程中的历史现象,也是提升产业结构的重要组织形态。发达国家都走过这段强国之路,通过集群化成为世界强国。图 10-1 为美国竞争力产业集群的分布。

美国有竞争力产业集群分布

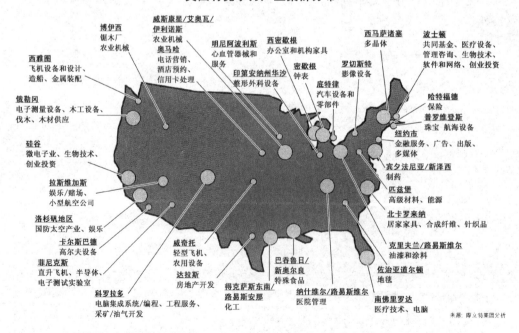

图 10-1　支撑美国经济发展的产业集群

国内较早提出产业集群概念的是北京大学王缉慈教授,她说:"当代的国际经济竞争是产业集群的竞争。产业集群不仅是当今世界经济的基本空间构架,还常常是一个国家或地区竞争力之所在。"的确,世界版图正是由于大量的集群存在,形成了色彩斑斓、块状明显的"经济马赛克"。事实也是如此,世界财富大都是从这些块状区域内创造的。"如拥有美国硅谷的加利福尼亚州,其经济总量相当于各国经济总量排名的第 11 位。意大利每年出口的 200 多亿美元商品主要是由 66 个集群区提供的。印度约 350 个集群创造了印度制造业出口额的 60%。"产业集群之重要,由此可见。这也得到了企业家、政府官员的重视。国家发展与改革委员会正式出台了《关于促进产业集群发展的若干意见》。这表明,产业集群的发展,已经成为国家发展经济、提升国力的一个重要措施和手段。所以,产业集群是已被证明成功的强国之途。为此,服装行业的做大做强,就必须走产业集群发展之路。

二、东南沿海率先而动

20 世纪八九十年代,在改革开放政策的引导下,各地的服装企业不断涌现,尤以江苏、浙江、广东、福建等省市因得风气之先,个体、民营的小作坊式的加工厂,以及那些与国营企业有协作关系的队办、乡镇企业更是乘风而上,纷纷"改旗易帜",自主兴业,踏上了独自打拼市场的创业之路。在这股全民经商的滚滚洪流中,经营服装很是突出,成为最引人注目的行当。他们中有同乡合伙、弟兄协力、夫妻同心等组合形式,抱团合力,创出天地,成势于地方;有受政策之惠,自成一统,经年历练,脱颖而出,终成行中杰英;有占地利之优,处省道国道之旁,尽享通途之利;有紧靠大城市,广得信息之便,更兼人力易得之优。企业兴办初期,其版型、裁剪工艺之师傅,大多聘请于大城市的服装厂。凡此种种,皆因地缘优势、人脉关系、沐于政策等因素而兴盛,并逐步由点而面地扩展为地方、区域互有关联的群体性的产业。如江苏常熟的羽绒服、浙江奉化西服等的形成(波司登、夏梦品牌),皆由此演化而来。这与往日各商派如晋商、徽商、浙商、粤商等,有相似之处,也因地域而得名。

三、区域产业特色显现

这股兴办服装厂的热潮,由东南沿海迅速刮向内陆。一时间服装企业如雨后春笋般出现,各种名目的牌子满天飞,至 20 世纪 90 年代后期,各地的服装特色渐趋明朗,或以产品、或从大类、或就品种等,区分地域服装特色。近年来更是日益向集群化发展,以长江三角洲、珠江三角洲、环渤海三角洲三大经济圈为辐射中心,其中服装主产区广东、浙江、江苏、山东、福建等省围绕着专业市场、出口优势、龙头企业形成了众多以生产某类产品为主的区域产业集群。如常熟的羽绒服,织里的童装,杭州的女装,桐乡的毛衫,宁波、温州的男装,枫桥的衬衫,晋江、石狮的休闲服,中山的休闲服,南海的女士内衣,深圳的女装,均安、增城、开平的牛仔装,潮州的婚纱、晚礼服,金坛、平湖的服装出口加工区等。这些服装产业集聚地产业链完善,呈现良好发展势头,已成为当地经济发展的主体,人口、企业和产业的集聚促进了区域经济迅速发展,对当地经济发展的贡献率日益增长,并对我国纺织服装工业有举足轻重的作用。资料显示,自 2002 年至今,由中国纺织工业协会确定的纺织服装产业集群已达 90 多个,这些地区的经济总量已占全国纺织经济总量的三成,对我国纺织服装产业的发展影响重大,是纺织服装业的一支重要的生力军,是整个纺织服装产业经济的强劲增长点。

四、区域产业集群优势

事实表明,产业集群的形成优势凸显:一是提升区域的整体竞争力,利于发挥资源共享与群体协同效应,获得外部经济和低成本优势。二是促进知识和技术的累积、转移和扩散,使资源的相对优势发展为创新创业优势。三是所拥有的外部范围经济和规模经济效益,有利于吸引国内外各种生产要素流入产业集群,进行全球范围的资源配置,以利参与国际竞争。四是形成区域品牌,开拓国内外市场,意在融入世界。因为单个企业搏击市场需较大的资金和人力投入,而处产业集群则可依托集群企业的整体力量开展宣传推广,利用群体效应极易形成"区位品牌",从而使每个企业都能受益。

各产业集聚地多以单一品种或专业服装生产为特点,优势明显。所以,现在有些企业已渐趋理智,不再盲目扩张,自愿退出创牌鏖战,甘为大牌作嫁衣——加工,寻求区域内的联动,即区域交叉合作。如温州和泉州两地的企业,分别以西服和夹克称雄市场,遂各以强项服务于对方。这样,区域交叉合作又促进了专业化的进程,把我国服装产业集群发展带入了新的阶段——即网络化发展,使区域内品牌得以高度集中,摆脱"数量"和"价格"的低层面竞争,加速产业集群区的产业升级,步入"科技创新贡献率"和"品牌贡献率"的新的发展时期,即集群专业化、创意化。因此,在各集群地政府的倡导下,产业集群正在以特色产品为依托,以生产企业、专业市场、品牌产品为核心共同打造区域品牌,并由此引导城市新核心竞争力的形成。

五、服装批发区域崛起

与服装企业蓬勃发展形成同步态势的,是国内批发市场的红火兴旺。所谓批发市场,简单说,就是路边市场。开放风起,人们在路边随意设摊,自由议价,自产自销自获利,纯属个人的经营行为,也称自由市场。后经政府疏导,纳入管理,视作国营商店的一种补充,因而得以生存和发展。由于这种市场的自由度较高,所以广受市人欢迎,且日益成为人们逛街、购物、休闲的好去处。对此,投资者、商人和政府分别看中了这一新兴的商业形态,是城市建设、旧城改造、促进地方经济发展的抓手之一,继而形成联动之势,各地的服装批发市场就此迅速崛起,成了我国商业经济的重要组成部分。

就市场本身而言,无论是其规模、外观造型,还是内部的硬件配套设施,都随时代而逐年攀升,成为各地商务楼盘一道颇为引人关注的风景。于是,就有了北京秀水街、上海七浦路、浙江海宁、广州虎门、山东即墨、江苏常熟、黑龙江五爱等这些在全国很有影响的大型服装市场,既活跃了人们的购物市场,又是地方不容忽视的城市地标,更为当地服装产业的形成作出了贡献,成了区域经济提升的有机组成部分。

而专业市场则是其发展的必然趋势。由专业市场引领产业结构调整和升级,要朝打造市场品牌和产品品牌方向发展,要成为品牌的孵化器、世界性的采购基地和采购中心。实践表明,我国专业市场对产业集群发展的拉动作用已越来越得到行业和市场的认可。专业市场是产业集群的延伸,是产业资本的延伸,更是产业资本转换过程中必经的场所。福建石狮的经验即是如此。当地围绕着某类主打产品,打造产业集聚地的产业链,使市场的辐射功能、流通功能、扩散功能等逐步得以健全。这是我国服装产业集群经济与专业市场共赢发展的建设性范例。

第二节　区域经济快速成长

产业链的形成,可进行高度的专业化运作,即众多产业集群配套产品共处一个地理空间,上下游相互配套、相互协调,把产品做精,降低成本,真正发挥产业链效益。继而与专业化市场体系相互促进,使产品受市场欢迎。这样,产业发展拉动市场,市场的活跃反过来可又促进产业的进步,整个产业链步入良性互动的发展轨道。

一、产业链体系完整

我国产业集群较为突出的应数东南沿海地区,无论是纺织还是服装,都形成了叫响全国的龙头企业,其迅速发展并取得如此业绩的因素之一,就在于企业之所需都有相关公司与之配套服务,极易采办,即上下游似一个完整的链条,形成体系。以设计为例,服装设计稿完成后,面辅料等供应商就会提供各自合适之样品为之参考,不需专门采购,皆能在所在区域内完成,省时省力,更高效。日积月累自然汇聚而成的众多企业的经济商务的集合体,是现代产业发展的产物,并在区域经济内日益发挥着重要作用。

江苏就是个显例,省内拥有 51 个纺织服装产业集群,专业化特色明显,产业链体系完整,中小企业集聚效应显著,有常熟服装、江阴毛纺、吴江丝绸、张家港毛纺毛衫、南通家纺、海门家纺、常州武进织造等地区性特色产业。其中的核心企业,如古里的波司登、璜泾的雅鹿、金坛的晨风、江阴的阳光、邗江的虎豹集团等著名企业,皆因企业规模大,不仅外销有竞争优势(有一定的议价能力),还建成了强有效的品牌内销网络。这不仅更带动了一批企业创名牌,还促使“一乡一品”特色乡镇的形成,如休闲服名镇海虞镇、沙家浜镇,毛衫名镇横扇镇,非织造布名镇支塘镇等。这些产业集群以小企业、大协作,小产品、大市场,小集群、大作为的特点,为当地纺织服装产业集聚效应发挥着重要的作用。

广东沙溪的产业集群同样发挥了强大的经济效应。自 2000 年起每年举办的中国(沙溪)休闲服装博览会,汇聚着各方才俊,燃烧时尚激情,交融时尚文化,绽放时尚魅力,为休闲服装企业的迅猛壮大及产业上下游相关配套企业的形成,起到极大的推动作用,更促使经济实现了巨大的跨越。《沙溪服装业总体发展规划纲要》更见证其勃勃雄心:2013—2016 年,规模以上企业达到 300 家以上,力争使沙溪出现中国驰名商标,沙溪服装业生产总值突破 350 亿元;2017—2020年,争取奠定沙溪在中国服装业的龙头地位,使之成为中国休闲服装产业中心、国家级服装超级强镇和中国休闲服装品牌之都。

二、品牌兴市成导向

在我国众多的服装市场中,若以集群效应来说,广东的虎门堪称代表。20 多年的引导发展,硬是把一个历史名城改造成当今的商贸名城,以规模大、产量高、质地优、品种全、款式新、出货快、市场大等闻名于世,其规模集群效应更是为同行充分认可。这是其品牌建设有力、品牌基础深厚的缘故。在不到 30 年的时间,虎门服装市场便走出了一条“无牌—贴牌—创牌—名牌”的品牌发展之路,并以较强的品牌意识开展运作。虎门服装生产企业在国内外注册商标有 5 000多个,实现了“区域品牌—广东名牌—国家名牌”这样三级品牌梯队的组合,有 30 多个服装品牌荣获省以上名牌称号,如以纯、狐仙、松鹰、莎其贝尔等品牌,就孕育于此。这是虎门服装市场定位于区域品牌集聚中心的实力基础。面对产业升级,当地正经历从"商贸虎门"到"时尚虎门"的转变,即将服装产业时尚化,品牌文化的打造迈向新台阶。"虎门"成了品牌,这是市场品牌效应的体现。

其实,成功的区域经济都具有如此的特征。如上海七浦路市场,该市场是随着改革开放一起成长、发展的。自1979年起,这个不足千米长的马路市场,因地利之优,紧靠南京路,且交通便利,紧邻上海火车站,地摊自由买卖就此开张,逐步成市。为配合旧城改造,20世纪90年代至2006年,这里先后兴建了十余座外观设计新颖、内部装潢一新的服装大楼,使这个沿街的简陋摊铺成了国内外知名的服装、服饰大市场。节假日人们都愿意去那儿逛逛,购物、休闲,这里成了一处城市新地标。服装经营者更把它看成进货的必选之地,它辐射整个华东地区,远达山东的青岛、即墨。每天清晨长途班车满载着各地客商,就是冲着它的"名气"而来的。整个七浦路服装市场,已成为上海同类市场中规模最大、设施最全、商品种类最为新潮和丰富、批发商户最多、年成交金额最高的专业服装服饰市场集群地。其中,坐落于东西两端的兴旺国际、新七浦、豪浦、白马等,作为佼佼者而被批发商们视作必到之处。这些市场多以货品丰富、服务到位而获得客商们的普遍赞誉。自进入转型发展期后,七浦路市场与商户正积极酝酿变局,努力构筑服装市场的品牌示范高地。不少商户筹划注册商标、店铺装潢、引进人才等措施,即重视整体形象,以品牌开路。如卡格莱曼、名品坊、三U服饰广场、安杰儿、澳洲鲨、多彩、CHUANGUOYANYI(穿国演艺)、堡基尼(图10-2,图10-3)等形象商铺和自创品牌,就是其中的领先者。

图10-2　上海七浦路品牌形象

图 10-3　上海七浦路品牌形象

三、会展唱响兴市大戏

服装展会推广产品、树立形象、招徕客商的功能,已为社会广为认可。20 世纪 90 年代中期以后,服装展览等活动颇受社会各界的欢迎,有效地发挥了推介品牌的作用。而展会的常态化则造就了一个区域的服装产业,使许多品牌由此走向市场,名动国内,成了全国重要的产业基地。这里以福建石狮服装城为例进行分析。石狮人凭着智慧和闯劲以及政策的支持,硬是把镇级小渔村建设为闻名海内外的纺织服装产业重要集群大市,纺织服装更成了石狮最大的支柱产业。统计表明,纺织服装占石狮全市工业产业比重超过 60% ,对 GDP 的贡献率超过 65% ,2012年石狮纺织服装产业年产值超过 600 亿元。这是坚持品牌建设、完善产业链所结出的丰硕成果。石狮已形成了一条以服装加工生产为核心,涵盖纺织原料、纺纱织布、漂染整理、成衣加工、辅料生产、市场营销等各个环节的纺织服装产业链。石狮现有服装注册商标 20 000 多个,其中,中国驰名商标 37 个,中国名牌 3 个,福建省著名商标 59 个,中国出口名牌 2 个,服装品牌总量跃居中国县级市第二位,从而赢得了极佳的市场声誉。

再看浙江绍兴,这座历史名城,文化底蕴厚重,物竞风流。凭着天时、地利、人和等诸多有利因素,如今更以纺织品为其增添风采而享誉世界。这就是中国柯桥国际纺织品博览会的举办,每年 5 月、10 月春秋两季,吸引了国内外客商纷至沓来,观展洽谈(图 10-4),柯桥镇因而不断扩容,并升格为柯桥区。纺织业已然成为该区的支柱产业。全国首家冠名"中国"的专业市场,中国轻纺城就座落在柯桥区。近年来,中国轻纺城坚持市场与产业、城市联动发展,大力深化"二次创业",市场的集群化、现代化、国际化水平不断提升。柯桥纺博会已从一个地

图 10-4　纷至沓来的客商引来各方关注

方性、区域性的展会成为一个全国性乃至世界性影响的展会,成为纺织行业展会中的"新航标"。

第三节　服装产业集群文化特色

由于各产业集群地的地理环境、人文背景、产业状态等各有不同,所以各集群地的文化亦各不相同。特别是处在市场细分化、专业化、竞争因素多变的环境下,各产业集群的发展亦相应随着变化,呈现出一种新的竞争态势。

一、组合联动谋新篇

市场总是在发展变化的,唯有紧跟市场不断谋变,才能在竞争中掌握主动权,制定出取胜之

策略。这是国内外品牌成功运作的基本法宝。我国牛仔服的生产应数广东以起步早、产量大而著称,形成四大牛仔服装名镇,即中山大涌、开平三埠、增城新塘和顺德均安。四地各有特色:大涌牛仔服装市场占有率高、产业潜力大,三埠以生产面料为主,增城定位中档产品,而均安则以中高档产品为主,主打外销。均安在生产实践中具有完整的产业链和较高的产品品质的优势。面对未来市场,开始四地联手合作,酝酿应对市场的新举措,由顺德区政府等单位联合发布、申请注册"均安牛仔"地理标志,找准定位,扬长避短,谋求更广阔、更长远的发展空间。继而加强自主品牌创建、建立"均安牛仔"区域品牌联盟及集体商标,各级政府的通力合作实现区域品牌及地方产业的升级发展。通过结构调整和产业升级,促进均安牛仔服装从 OEM(代工)向 ODM(设计加工)甚至向 OBM(代工工厂拥有自主品牌)的升级转变,从而为牛仔服装名镇增添新光彩。

牛仔服作为社会变革产物,见证了国人改革开放后的着装魄力及风采;四大名镇以组合拳出击市场,更显意义不凡,远见卓识——以品牌闯天下,品牌得市场。

二、树形象"时尚推手"

承上而言,实现上述地理标志所带来的区位优势,各地还得以各自的特色显其市场价值。增城新塘的牛仔服装生产就非常突出。据不完全统计,全国牛仔服装 60% 以上出自新塘,而全国出口牛仔服装 30% 也是新塘生产。新塘是广州最大的服装产业基地,目前日加工生产能力可达 250 万件,年生产牛仔服装 2.3 亿多件(条),年产值 200 多亿元,是增城经济发展的支柱产业。为进一步扩大市场美誉度,自 2008 年以来,新塘镇举办了多届"中国新塘牛仔形象大使大赛",以便从文化层面夯实该地牛仔服装产业。新塘设立了"中国牛仔发展基金",以构筑牛仔形象大使评选和牛仔文化建设的长效机制。

2014 年 6 月,这里更有新创举。"中国牛仔·风格流派创始人众筹联盟",在上海宣告成立。以张志军为代表(广州唯佳安达新材料科技有限公司总经理)的众筹联盟主张创新东方牛仔流派,将中国美学文化融入到牛仔时装设计中,以先进的设计和工艺改造传统牛仔设计理念和洗水工艺,进而形成全新的牛仔时装视觉和潮流,一展中国牛仔的时尚文化魅力。这是中国牛仔的响亮发声,即从"品质"上强化牛仔服装的中国文化内涵。

三、区域经营频变招

在我国服装产业集群中,休闲装行业较为突出,地域集聚程度较高。主要集中在福建、浙江、江苏、广东等地,且自成"派系"。每个派系的区域特征和生产经营又各有特点。探索温州、泉州、沙溪这三大集群区营销策略的更替,可发现休闲装产业文化发展之脉络。温州以虚拟经营打响市场。所谓虚拟经营,就是企业掌控品牌核心而生产外包,如高邦、拜丽德等,均据此获益。这个已被验证了的经营方式,原本大可复制运用。特别是中小企业,更能省却资金、设备、技术等的不足。但如今不被看好,遭到"遗弃",代之以管理输出和买手型的"虚拟"经营,前者深入到营销终端,利于品牌整体形象管理,用终端带动加盟连锁,实行品牌形象的中央集权制;而后者以服装设计师充当买手,负责购买款式,再把时尚和市场元素融入到产品设计中去。这是产业集群中,温州经营模式的另辟蹊径。泉州则要加速品牌孵化,占领高端市场。"泉州应该孕育一些基因更好的品牌,制造要升级,文化要升级,这是整个泉州休闲装区域所面临的重要课题",此为泉州商会会长周少雄所坦露的心声。沙溪本着环境和生态,以地方文化魅力强化品牌建设,利用外资和海外网络提升品牌价值。

温州、泉州、沙溪这三大集群区的营销策略的更新,实是其背后文化观念的提升,反映了产业集群内企业适应市场的文化提速。

四、把脉市场创新品

广东沙溪之所以能成为休闲服装名镇,理由虽多,基本有一条,就是沙溪人的品牌意识较强,注重对品牌内涵的发掘、整理、翻新、强化,如新都市休闲主义(倡导一种界限模糊、定位自由的新生活方式)、第三代休闲服装(个性化、时尚化、高品质化)等新概念的推出,就是针对消费者购物心理而作出的适时调整,以清晰的品牌风格定位和市场定位满足市场消费需求。所以,他们在市场调研、品牌建设方面取得了令人羡慕的成就。沙溪企业领导大多对消费心理有所研究,尤其某些领先性企业品牌掌舵人,更具前瞻性。他们认为,个性化年代的消费者衣着方面多受求异心理驱使,把服装作为展示形象和个性的载体。消费者选择品牌,其实就是选择一种生活主张、生活态度,展现一种自我个性。基于这种认识,沙溪服装契合现代人追求切身实用与流行美观的双重心态。沙溪服装以差异性的品牌特色迎合消费者不同的心理需求,扩大可选择性的适应面。因此,沙溪服装企业更深刻地体会到,消费者的品牌消费实质是文化的消费,是个人心理的消费,也就是对沙溪服装品牌文化的消费。沙溪产品的创新设计就是以差异化、宽泛化、风格独特等为核心要素,争得市场的影响力和美誉度,从而在产品同质化的市场上掌握主动,赢得先机,即产品的原创优势和设计策略的领先优势是近几年沙溪休闲品牌持续进步的推动力和竞争力。

须指出的是,沙溪人对培育品牌有独特的见解,富有启发性。某女企业家有个著名的"品牌养子论":做品牌如同养孩子,需要耐心,需要有一点一滴的情感投入,会满怀期待;而批发好比养猪,是短期行为,追求的是短期利益。两者在现实利益与长期收益上,在情感投入、价值取向和事业的成就感上完全不同。这理论很通俗,很形象,极具说服力。它把品牌培育的整个过程,企业家的任劳任怨,悉心呵护比作父母对子女的百般关爱,表达得精辟入里,全面、周到、深刻。这种中国式的品牌培育理论,雅俗共赏,很有推广价值。所以,由这些企业家引领品牌的沙溪,所铸造的休闲服装文化,是相当人性化的,富有浓浓亲情意味的。在此前提下,沙溪建设高质量的休闲服装产业制造及品牌基地,也应该是被看好的。

五、集群承当孵化器

产业集群是企业发展到一定阶段的必然产物,是企业发展的一种必然的经济组织形式,但还必须对集群内的小型经济体开展培育活动,使之能够持续发展,即发挥产业集群的摇篮、孵化器、创业基地的功能,使弱者变强,强者更强。我国服装企业规模普遍偏小,如何在集群区内快速成长?浙江嘉兴毛衫业科技创业园给出了答案。该园区最大的特点就是培育企业的成长。在较短的时间里孵化出105家中小企业。其中一家年产值不足百万元的个体经营户,原来只能做低档产品,经过科研创新平台的培育,现在已发展成为规模企业,有员工300多人,年产值达5 000万元,成为该产业集群的骨干企业。名典、欧雅伦诗、紫衣盟、怡秋等企业,都是这样兴盛起来的。正是有了这些厚积薄发的企业,嘉兴毛衫产业集群才有如今的活力。

六、都市楼宇聚孵化

嘉兴毛衫业科技创业园作为毛衫产业集群培育与提升项目,所提供的经验值得借鉴。产业集群不是社会追求的最终目标,而是不断培育、孵化新企业,是一个不断释放"能量"的"核电站",是不断裂变的过程,从而为社会集聚更多的财富。其实,"裂变"的原子核(基础)是存在的,就看如何释放。据此来看看上海这个国际大都市。这里很少有其他地方所具有的那种成规模的产业品牌集群,这是城市定位使然,可同样孕育出巨大的业绩。那就是上海世贸商城的 20 年、特别是近 10 年的巨变,在于多门类的膨胀、集聚,汇聚了长三角乃至全国的纺织服装产业品牌(图 10-5),创出了都市楼宇成长的新天地,成为该区域品牌培育、经济扩张等多方面业绩的佼佼者。

图 10-5　穆驰手袋

应该说,我国服装产业大多处于形成期或成长期,较少数的为成熟期,呈高度集中化,限东南沿海地区。我国服装产业还有待继续完善和提高,尤其是同质化竞争现象较为严重,须进行多方协调,还有很多工作要做。但在其发展过程中,产品细分和专业化的步伐必然加速;并以其得天独厚的优势,促进科技进步、促进品牌诞生。产业集群的升级最终有效地促进全国服装产业的升级。

附　录

Interbrand 发布 2013 年全球最佳品牌排行榜

排名	行　业	品　牌	品牌价值 （十亿美元）	品牌价值(%)	2012 年排名
1	Technology	Apple	98.316	28%	2
2	Technology	Google	93.291	34%	4
3	Beverages	Coca-Cola	79.213	2%	1
4	Business Services	IBM	78.808	4%	3
5	Technology	Microsoft	59.546	3%	5
6	Diversified	GE	46.947	7%	6
7	Restaurants	McDonald's	41.992	5%	7
8	Technology	Samsung	39.610	20%	9
9	Technology	Intel	37.257	−5%	8
10	Automotive	Toyota	35.346	17%	10
11	Automotive	Mercedes-Benz	31.904	6%	11
12	Automotive	BMW	31.839	10%	12
13	Technology	Cisco	29.053	7%	14
14	Media	Disney	28.147	3%	13
15	Technology	HP	25.843	−1%	15
16	FMCG	Gillette	25.105	1%	16
17	Luxury	LouisVuitton	24.893	6%	17
18	Technology	Oracle	24.088	9%	18
19	Retail	Amazon	23.620	27%	20
20	Automotive	Honda	18.490	7%	21
21	Apparel	H&M	18.168	10%	23
22	Beverages	Pepsi	17.892	8%	22
23	Financial Services	American Express	17.646	12%	24
24	Sporting Goods	Nike	17.085	13%	26
25	Technology	SAP	16.676	7%	25

（续表）

排名	行　业	品　牌	品牌价值 （十亿美元）	品牌价值(％)	2012 年排名
26	Home Furnishings	IKEA	13.818	8%	28
27	Transportation	UPS	13.763	5%	27
28	Retail	eBay	13.162	20%	36
29	FMCG	Pampers	13.035	15%	34
30	FMCG	Kellogg's	12.987	8%	29
31	Alcohol	Budweiser	12.614	6%	31
32	Financial Services	HSBC	12.183	7%	33
33	Financial Services	J. P. Morgan	11.456	0%	32
34	Automotive	Volkswagen	11.120	20%	39
35	Electronics	Canon	10.989	−9%	30
36	Apparel	Zara	10.821	14%	37
37	Beverages	Nescafé	10.651	−4%	35
38	Luxury	Gucci	10.151	7%	38
39	FMCG	L'Oréal	9.874	12%	42
40	Electronics	Philips	9.813	8%	41
41	Business Services	Accenture	9.471	8%	43
42	Automotive	Ford	9.181	15%	45
43	Automotive	Hyundai	9.004	20%	53
44	Financial Services	Goldman Sachs	8.536	12%	48
45	Diversified	Siemens	8.503	13%	51
46	Electronics	Sony	8.408	−8%	40
47	Media	Thomson Reuters	8.103	−4%	44
48	Financial Services	Citi	7.973	5%	50
49	FMCG	Danone	7.968	6%	52
50	FMCG	Colgate	7.833	2%	47
51	Automotive	Audi	7.767	8%	55
52	Technology	Facebook	7.732	43%	69
53	FMCG	Heinz	7.648	−1%	46
54	Luxury	Hermès	7.616	23%	63
55	Sporting Goods	adidas	7.535	12%	60
56	FMCG	Nestlé	7.527	9%	57
57	Electronics	Nokia	7.444	−65%	19
58	Diversified	Caterpillar	7.125	13%	61

（续表）

排名	行　业	品　牌	品牌价值 （十亿美元）	品牌价值(%)	2012 年排名
59	Financial Services	AXA	7.096	5%	58
60	Luxury	Cartier	6.897	26%	68
61	Technology	Dell	6.845	−10%	49
62	Business Services	Xerox	6.779	1%	59
63	Financial Services	Allianz	6.710	8%	62
64	Automotive	Porsche	6.471	26%	72
65	Automotive	Nissan	6.203	25%	73
66	Restaurants	KFC	6.192	3%	64
67	Electronics	Nintendo	6.086	−14%	56
68	Electronics	Panasonic	5.821	1%	65
69	Beverages	Sprite	5.811	2%	66
70	Media	Discovery	5.756	NEW	N/A
71	Financial Services	Morgan Stanley	5.724	−21%	54
72	Luxury	Prada	5.570	30%	84
73	Energy	Shell	5.535	16%	75
74	Financial Services	Visa	5.465	11%	74
75	Luxury	Tiffany & Co.	5.440	5%	70
76	Diversified	3M	5.413	16%	77
77	Luxury	Burberry	5.189	20%	82
78	Media	MTV	4.980	−12%	67
79	Technology	Adobe	4.899	8%	78
80	Diversified	John Deere	4.865	15%	85
81	FMCG	Johnson & Johnson	4.777	9%	79
82	Alcohol	Johnnie Walker	4.745	10%	83
83	Automotive	Kia	4.708	15%	87
84	Financial Services	Santander	4.660	−2%	76
85	FMCG	Duracell	4.645	NEW	N/A
86	Alcohol	Jack Daniel's	4.642	7%	81
87	FMCG	Avon	4.610	−11%	71
88	Apparel	Ralph Lauren	4.584	14%	91
89	Automotive	Chevrolet	4.578	NEW	N/A
90	FMCG	Kleenex	4.428	2%	80
91	Restaurants	Starbucks	4.399	8%	88

（续表）

排名	行 业	品 牌	品牌价值 （十亿美元）	品牌价值(%)	2012 年排名
92	Alcohol	Heineken	4.331	10%	92
93	Alcohol	Corona	4.276	5%	89
94	Restaurants	Pizza Hut	4.269	2%	86
95	Alcohol	Smirnoff	4.262	5%	90
96	Automotive	Harley-Davidson	4.230	10%	96
97	Financial Services	MasterCard	4.206	8%	94
98	Automotive	Ferrari	4.013	6%	99
99	Alcohol	Moët & Chandon	3.943	3%	98
100	Apparel	Gap	3.920	5%	100

Interbrand 发布 2013 年全球最佳服装品牌排行榜

排名	行 业	品 牌	品牌价值(十亿美元)	品牌价值(%)
1	Luxury	LouisVuitton	24.893	6%
2	Apparel	H&M	18.168	10%
3	Sporting Goods	Nike	17.085	13%
4	Apparel	Zara	10.821	14%
5	Luxury	Gucci	10.151	7%
6	Luxury	Hermès	7.616	23%
7	Luxury	Prada	5.570	30%
8	Luxury	Burberry	5.189	20%
9	Apparel	Ralph Lauren	4.584	14%
10	Apparel	Gap	3.920	5%

三大奢侈品集团品牌表

品牌名称	商标	国籍	创始人	创牌年代	现任设计师/艺术总监	产品	品牌个性
LVMH MOET HENNESSY·LOUIS VUITTON				路威酩轩(LVMH)集团			
路易·威登 (Louis Vuitton)	LV LOUIS VUITTON	法国	路易·威登 (Louis Vuitton)	1854年	尼古拉斯·盖斯基埃 (Nicolas Ghesquière)	时装、箱包、鞋履、胸表、丝巾及配饰等	精致的旅行哲学
					洛伦茨·布蒙 (Lorenz Bumer)	珠宝	
克里斯汀·迪奥 (Christian Dior)	Dior	法国	克里斯汀·迪奥 (Christian Dior)	1946年	拉夫·西蒙 (Raf Simons)	时装、箱包、皮具、珠宝、腕表、鞋履、眼镜、香水、彩妆、保养品及书写用品等	时尚、华丽优雅
纪梵希 (Givenchy)	BIJOUX GIVENCHY	法国	休伯特·德·纪梵希 (Hubert de Givenchy)	1952年	里卡多·提西 (Riccardo Tisci)	时装、箱包、鞋履、香水、彩妆、护肤品及饰品等	法式优雅、美式风华
高田贤三 (KENZO)	KENZO	法国	高田贤三 (Kenzo)	1970年	莱昂·胡姆贝托、李·卡罗尔 (Humberto Leon) (Carol Lim)	时装、鞋履、香水、沐浴系列及保养品等	自然、鲜艳、清新
赛琳 (Celine)	CELINE	法国	赛琳·薇琶娜 (Celine Vipiana)	1945年	菲比·菲罗 (Phoebe Philo)	时装、箱包、鞋履、香水及饰品等	休闲、典雅
克里斯汀·拉克鲁瓦 (Christian Lacroix)	Christian Lacroix	法国	克里斯汀·拉克鲁瓦 (Christian Lacroix) 伯纳德·阿诺特 (Bernard Arnault)	1987年	克里斯汀·拉克鲁瓦 (Christian Lacroix)	时装、箱包、香水、珠宝、丝巾、领带、太阳镜等	高贵豪华、灿烂夺目，色彩斑斓，瑰丽精致，极尽奢华

（续表）

LVMH

品牌名称	商标	国籍	创始人	创牌年代	现任设计师/艺术总监	产品	品牌个性
路威酩轩（LVMH）集团							
贝鲁提（Berluti）	Berluti	法国	奥尔加·伯鲁提（Olga Berluti）	1895年	亚历山德罗·萨托利（Alessandro Sartori）	鞋履	有生命的艺术、雕刻、灵魂
尚美（Chaumet）	CHAUMET PARIS	法国	玛丽·艾蒂安·特里斯坦（Marie Etienne Nitot）	1780年	莱昂内尔·吉罗（Lionel Giraud）	珠宝、腕表	优雅而华丽
法兰（Fred）	FRED	法国	法兰·沙弥儿（Fred Samuel）	1936年	法兰·沙弥儿（Fred Samuel）	珠宝、腕表、眼镜等	高贵、时尚
丝芙兰（Sephora）	SEPHORA THE BEAUTY AUTHORITY	法国	多米尼克·曼多诺（Dominique Mandonnaud）	1970年	安迪·萨默斯（Andy Summers）	香水、化妆品、保养及美容品等	卓越、激情、大胆、高雅、快乐和自由
希思黎（Sisley）	sisley paris	法国	修伯特·多纳诺伯爵夫妇（Huberd' Omano）	1976年	皮尔·达沃利（Pier Davoli）	香水、化妆品、护肤品、美发及男士系列等	植物护肤王国
娇兰（Guerlain）	GUERLAIN	法国	皮埃尔·弗朗索瓦·帕斯科尔·娇兰（Pierre Francois Pascal Guerlain）	1828年	奥利维尔·伊川迪麦松（Olivier Echaudemaison）	香水、化妆品及保养品等	奢华的皇家品质
美卡芬艾（Make up for ever）	MAKE UP FOR EVER PROFESSIONAL	法国	雅克·万尼纷（Jacques Waneph）达尼·桑斯（Dany Sanz）	1984年	达尼·桑斯（Dany Sanz）	化妆师专用产品、普通消费化妆品、专业彩妆等	艺术生活化

（续表）

品牌名称	商标	国籍	创始人	创牌年代	现任设计师/艺术总监	产品	品牌个性
LVMH MOËT HENNESSY.LOUIS VUITTON 路威酩轩（LVMH）集团							
芬迪 （Fendi）	FENDI	意大利	阿黛勒·卡萨格兰德 （Adele Casagrande）	1925年	卡尔·拉格菲尔德 （Karl Lagerfeld） 西尔维娅·芬迪 （Silvia Fendi）	时装、箱包、鞋履、珠宝、香水、眼镜及饰品等 配饰产品等	皮革世家的时尚诱惑，复古、罗马传统风格
艾米里欧·普奇 （Emilio Pucci）	EMILIO PUCCI	意大利	艾米里欧·普奇 （Emilio Pucci）	1948年	彼得·邓达斯 （Peter Dundas）	时装、饰品等	波普艺术气味的印花图纹
宝格丽 （Bvlgari）	BVLGARI	意大利	索蒂里奥·宝格丽 （Sotirios Bulgari）	1884年	露西娅·西尔维斯特里 （Lucia Silvestri）	珠宝、手袋、腕表、眼镜、皮具、香水、丝巾、领带、袖扣及银饰等	大胆独特，尊贵古典，出身名门的珠宝望族
史提芬诺比 （StefanoBi）	STEFANOBI	意大利	史提芬诺比 （StefanoBi）	1991年	史提芬诺比 （StefanoBi）	鞋履	传统与现代的珠联璧合
帕尔马之水 （Acqua di Parma）	ACQUA DI PARMA PARMA (ITALY)	意大利	阿夸 （Acqua）	1916年	阿夸 （Acqua）	香水、古龙水、家用香料、沐浴及家用收藏品等	天生的意式优雅与内在的高贵
欧玛斯 （Omas）	OMAS	意大利	阿曼多·西蒙尼 （Armando Simoni）	1925年	赞布罗塔·马拉古蒂 （Zambrotta Malaguti）	制造书写工具、钢笔、墨水等	古典主义奢华，经典

LVMH
LOUIS VUITTON MOËT HENNESSY

品牌名称	商标	国籍	创始人	创牌年代	现任设计师/艺术总监	产品	品牌个性
路威酩轩(LVMH)集团							
马克·雅各布（Marc Jacobs）	MARC JACOBS	美国	马克·雅各布（Marc Jacobs）	1984年	马克·雅各布（Marc Jacobs）	时装、箱包、香水及饰品等	怀旧味很浓的混搭
唐娜·卡兰（Donna Karan）	DONNAKARAN NEW YORK	美国	唐娜·卡兰（Donna Karan）	1985年	唐娜·卡兰（Donna Karan）	时装、童装、鞋履、香水及饰品等	简洁、舒适、展现曲线美 时尚的纽约都会韵味
贝玲妃（Benefit）	benefit SAN FRANCISCO	美国	珍·福特（Jean Ford） 简·福特（Jane Ford）	1976年	简·福特（Jane Ford）	香水、彩妆及护肤品等	凡人最需要的装饰、精致高雅
夫莱诗 Fresh	fresh	美国	列弗·格兰斯曼（Lev Glazman） 阿丽娜·罗伊兹尔格（Alina Roytberg）	1991年	让·马克·菲森（Jean Marc Plisson）	护肤、美体、香水、化妆品及蜡烛等	古典、自然、高端
百丽斯（Bliss）	bliss®	美国	玛西娅·基尔戈（Marcia Kilgore）	1996年	玛西娅·基尔戈（Marcia Kilgore）	休闲装、内衣、彩妆、护肤、头发护理等	优雅、时尚
罗意威（Loewe）	LOEWE	西班牙	恩里克·罗意威·罗斯伯格（Enrique Loewe Roessberg）	1846年	J.W.安德森（J.W. Anderson）	时装、箱包、香水及丝绸饰品等	浓烈 洒脱 独立,用优质的皮革打造精致的品味
汤玛斯·品克（Thomas Pink）	PINK THOMAS PINK JERMYN STREET LONDON	英国	穆伦（Mullen）三兄弟	1984年	西蒙·马洛尼（Simon Maloney）	衬衫、领带及饰品等	经典高尚的典范

（续表）

品牌名称	商标	国籍	创始人	创牌年代	现任设计师/艺术总监	产品	品牌个性
LVMH							
路威酩轩（LVMH）集团							
宇舶表（Hublot）	HUBLOT	瑞士	卡罗·克罗口（Carlo Crocco）	1980年	让·克劳德·比弗（Jean Claude Biver）	腕表	个性、独特
真力时表（Zenith）	ZENITH SWISS WATCH MANUFACTURE SINCE 1865	瑞士	乔治斯·法福尔·杰科特（Georges Favre Jacot）	1865年	让·弗莱德里克·杜佛（Jean-Frdric Dufour）	腕表	机械、质感
豪雅表（TAG Heuer）	TAGHeuer SWISS MADE SINCE 1860	瑞士	爱德华·豪雅（Edouard Heuer）	1860年	托马斯·厚恩（Thomas Houlon）	腕表	传承与创新、信誉与品质、运动与魅力
玉宝（Ebel）	EBEL	瑞士	爱丽丝·布洛姆（Alice Blum）尤金·布洛姆（Eugene Blum）	1911年	布洛姆（Blum）家族	腕表	艺术、功能、价值的结合
GUCCI							
古驰（PPR Gucci）集团——时装							
古驰（Gucci）	GUCCI	意大利	古驰奥·古驰（Guccio Gucci）	1921年	弗里达·贾娜妮（Frida Gianni）	时装、珠宝、腕表、履、丝巾、领带、纺织品及书写用品	奢华、性感、夸耀、带一丝摇滚
宝缇嘉BV（Bottega Veneta）	BOTTEGA VENETA	意大利	米歇尔·泰迪（Michele Taddei）伦索·曾格（Renzo Zengiaro）	1966年	托马斯·迈尔（Tomas Maier）	时装、箱包、鞋履等	独家的皮革校织

（续表）

品牌名称	商标	国籍	创始人	创牌年代	现任设计师/艺术总监	产品	品牌个性
GUCCI							
古驰（PPR Gucci）集团——时装							
厄米尼吉尔多·杰尼亚 （Ermenegildo Zegna）	Ermenegildo Zegna	意大利	厄米尼吉尔多· 杰尼亚 （Ermenegildo Zegna）	1910 年	斯特凡诺·皮拉蒂 （Stefano Pilati）	男装、箱包、腕 表、鞋履、香水、 领带、眼镜、雨 伞等	顶级尊荣的阳刚风 范
塞乔·欧罗希 （Sergio Rossi）	sergio rossi	意大利	塞乔·罗西 （Sergio Rossi）	20 世纪 60 年代末	弗朗切斯科·鲁索 （Francesco Russo）	鞋履、箱包、皮 具等	品质和艺术的坚持
伊夫·圣·洛朗 YSL （Yves Saint Laurent）	YVES SAINT LAURENT	法国	伊夫·圣·洛朗 （Yves Saint Laurent） 皮埃尔·贝奇 （Pierre Beche）	1962 年	艾迪·斯理曼 （Hedi Slimane）	时装、箱包、鞋 履、腕表、彩妆、 香水、眼镜、保 养品等	舒适柔美、优雅华贵
亚历山大·麦昆 （Alexander McQueen）	ALEXANDER MQUEEN	英国	亚历山大·麦昆 （Alexander McQueen）	1992 年	莎拉·伯顿 （Sarah Burton）	时装、箱包、鞋 履等	传统与时尚，强力与 柔弱的两级融合
巴黎世家 （Balenciaga）	B BALENCIAGA PARIS	法国	克里斯托瓦尔· 巴朗斯加 （Cristóbal Balenciaga）	1937 年	亚历山大·王 （Alexander Wang）	时装、箱包、鞋 履、香水及饰品 等	简洁、清纯、优雅
宝诗龙 （Boucheron）	B BOUCHERON PARIS	法国	费德里克·宝诗龙 （Frédéric Boucheron）	1858 年	克莱尔·乔斯尼 （Claire Choisne）	珠宝、腕表、香 水等	奢华女人的理想国
史黛拉·麦卡特尼 （Stella McCartney）	STELLA STELLA McCARTNEY	英国	斯特拉·麦卡特尼 （Stella McCartney）	2001 年	史黛拉·麦卡特尼 （Stella McCartney）	时装、箱包、鞋 履等	带给女性力量与自 信

（续表）

品牌名称	商标	国籍	创始人	创牌年代	现任设计师/艺术总监	产品	品牌个性
GUCCI 古驰（PPR Gucci）集团——时装							
彪马 (Puma)	PUMA	德国	鲁道夫·达斯勒 (Rudolf Dassler)	1948年	托尔斯滕·霍克斯泰特 (Torsten Hochstetter)	运动服装、运动鞋等	全球最令人渴望的动感生活
贝达表 (Bedat & C°)	BEDAT & C²	瑞士	西门·贝达 (Simone Bedat) 克利斯缇纳·贝达 (Christian Beda)	1996年	克利斯缇纳·贝达 (Christian Beda)	腕表	方形表壳和织皮表带
Richemont 历峰（Richemont）集团							
哈克特 (Hackett)	HACKETT LONDON	英国	杰里米·哈克特 (Jeremy Hackett) 阿什利劳埃德·詹宁斯 (Ashlilloyd Jennings)	1983年	杰里米·哈克特 (Jeremy Hackett)	男装及饰品等	英伦风格的贵族
登喜路 (Afred Dunhill)	dunhill LONDON 登喜路	英国	艾尔弗雷德·登喜路 (Alfred Dunhill)	1893年	金·琼斯 (Kim Jones)	时装、箱包、皮具、雪茄、香水、墨水笔等	炫示男人最优雅的格调
詹姆斯·珀迪 (James Purdey &Sons)	PURDEY	英国	詹姆斯·珀迪 (James Purdey)	1814年	奈杰尔·博蒙特 (Nigel Beaumont)	枪械	装饰极其华丽,洋溢着奢华的皇家气息

Richemont

品牌名称	商标	国籍	创始人	创牌年代	现任设计师/艺术总监	产品	品牌个性
			历峰（Richemont）集团				
上海滩 (Shanghai Tang)	SHANGHAI TANG 上海滩	香港	邓永锵 (David Tang Wing-Cheung)	1994年	乔安妮·奥里 (Joanne Ooi)	中式传统男装、女装及童装、唐装、手袋、家居装饰礼品等	复兴中式传统并融合时代流行
珂洛艾伊 (Chloé)	Chloé	法国	加比·阿格依奥 (Gaby Aghion) 嘉克斯·勒努瓦 (Jacques Lenoir)	1952年	克莱尔·威特·凯勒 (Clare Waight Keller)	时装、手袋、鞋履、香水、眼镜等	迷醉的柔美浪漫之旅
兰姿 (Lancel)	LANCEL PARIS	法国	阿尔方斯·兰姿 (Alphones Lancel)	1876年	尼古尔·司徒蔓儿 (Nicole Stulman)	时装、箱包、皮具等	贵族化的设计理念建立了"优雅的巴黎人"形象
卡地亚 (Cartier)	Cartier	法国	路易·弗莱科斯·卡地亚 (Louis Francois Cartier)	1847年	马林·雨松 (Marlin Yuson)	腕表、珠宝、香水等	华丽、尊贵、前卫、璀璨、精致
梵克雅宝 (Van Cleef & Arpels)	Van Cleef & Arpels	法国	阿尔弗莱德·梵克 (Alfred Van Cleef) 查尔斯·雅宝 (Charles Arpels)	1906年	尼古拉斯·博斯 (Nicolas Bos)	腕表、珠宝、香水等	精致典雅、简洁大方
沛纳海 (Officine Panerai)	PANERAI	意大利	乔万尼·沛纳海 (Giovanni Panerai)	1860年	圭多·沛纳海 (Guido Panerai)	腕表	硕大、粗犷
江诗丹顿 (Vacheron Constantin)	VACHERON CONSTANTIN	瑞士	让·马克·瓦切隆 (Jean Marc Vacheron)	1755年	让·马克·瓦切隆 (Jean Marc Vacheron)	腕表	高贵、优雅
名仕 (Baume & Mercier)	BAUME & MERCIER GENEVE·1830	瑞士	威廉·鲍姆 (William Baume) 保罗·名士 (Paul Mercier)	1830年	亚历山大·帕尔拉迪 (Alexandre Peraldi)	腕表、珠宝	传统、平衡美

（续表）

品牌名称	商标	国籍	创始人	创牌年代	现任设计师/艺术总监	产品	品牌个性
Richemont			历峰（Richemont）集团				
伯爵 （Piaget）	PIAGET	瑞士	乔治·爱德华·伯爵 （Georges Edouard Piaget）	1874 年	伊芙·伯爵 （Yves Piaget）	腕表、珠宝	时尚、优雅、华丽、至尊
积家 （Jaeger LeCoultre）	JAEGER-LECOULTRE	瑞士	安托瓦·列古特 （Antoine LeCoultre）	1833 年	杰尼科·迪乐斯科威姿 （Janek Deleskiewicz）	腕表	高贵传统
帕玛强尼 （Parmigiani）	PARMIGIANI FLEURIER	瑞士	米歇尔·帕玛强尼 （Michel Pamigiani）	1975 年	米歇尔·帕玛强尼 （Michel Pamigiani）	腕表	自然简约、名贵
罗杰·杜彼 （Roger Dubuis）	ROGER DUBUIS	瑞士	罗杰·杜彼 （Roger Dubuis） 卡洛斯·迪亚斯 （Carlos Dias）	1995 年	罗杰·杜彼 （Roger Dubuis） 卡洛斯·迪亚斯 （Carlos Dias）	腕表	前卫、优雅
万国 （International Watch Co）	IWC	瑞士	佛罗伦汀·阿里奥斯托·琼斯 （Florentine Ariosto Jones）	1868 年	克里斯蒂安·努普 （Christian Knoop）	腕表	非凡技术与精湛工艺
万宝龙 （Montblanc）	MONT BLANC	德国	阿尔弗雷德·内赫米亚斯 （Alfred Nehemias） 澳格斯特·伊博史订 （August Eberstein） 克劳斯·约翰内斯·沃斯 （Claus Johannes Voss）	1906 年	阿尔弗雷德·内赫米亚斯 （Alfred Nehemias） 澳格斯特·伊博史订 （August Eberstein） 克劳斯·约翰内斯·沃斯 （Claus Johannes Voss）	手表、珠宝、香水、钢笔等	勃朗巅峰、至尊无上
朗格 （A. Lange & Sohne）	A. LANGE & SÖHNE GLASHÜTTE I/SA	德国	菲尔迪南多·阿道夫·朗格 （Ferdinando Adolf Lange）	1845 年	瓦尔特·朗格 （Walter Lange）	腕表	内蕴优美、品质精良

参 考 文 献

[1] 上海市服装行业协会.中国服装大典[M].上海:文汇出版社,1999.

[2] Susan B. Kaiser.服装社会心理学[M].李宏伟,译.北京:中国纺织出版社,2000.

[3] 李当歧.服装学概论[M].北京:高等教育出版社,1998.

[4] 钱进.世界历史[M].西安:西北大学出版社,2002.

[5] 蔡子谔.中国服饰美学史[M].石家庄:河北美术出版社,2001.

[6] 陈培爱.中外广告史[M].北京:中国物价出版社,2002.

[7] 何顺果.美国史通论[M].上海:学林出版社,2004.

[8] 美·B.H.施密特,等.体验营销[M].周兆晴,译.南宁:广西民族出版社,2003.

[9] 李晓霞,等.消费心理学[M].北京:清华大学出版社,2006.

[10] 周永凯,张建春,等.服装舒适性与评价[M].北京:北京工艺美术出版社,2006.

[11] 赵化.女人华衣[M].北京:中国纺织出版社,1998.

[12] 周锡保.中国古代服饰史[M].北京:中国戏剧出版社,1984.

[13] 黄土龙.中国服饰史略[M].上海:上海文化出版社,2007.

[14] 柏拉图.文艺对话集[M].北京:人民文学出版社,1980.

[15] 列夫·托尔斯泰.艺术论[M].北京:人民文学出版社,1958.

[16] 瓦莱丽·斯蒂尔.内衣:一部文化史[M].师英,译.天津:百花文艺出版社,2004.

[17] 黑格尔.美学[M].朱光潜,译.北京:商务印书馆,1979.

[18] 普列汉诺夫.普列汉诺夫美学论文集[M].北京:人民出版社,1983.

[19] 歌德.歌德谈话录[M].朱光潜,译.北京:人民文学出版社,1985.

[20] 约翰内斯·伊顿.色彩艺术[M].杜定宇,译.上海:上海人民出版社,1985.

[21] David Lewis, Darren Bridger.新消费心理学[M].陈琇,译.台北:脸谱出版社,2002.

[22] 贡布里希.理想与偶像[M].范景中,等译.上海:上海人民美术出版社,1989.

[23] 桑塔耶纳.美感[M].北京:中国社会科学院出版社,1983.

[24] 滕守尧.审美心理描述[M].北京:中国社会科学院出版社,1985.

[25] 伍蠡甫.现代西方文论选[M].上海:译林出版社,1983.

[26] 弗兰克·梯尔曼.艺术哲学和美学[M].纽约,1969.

[27] 鲁道夫·阿恩海姆.艺术与视知觉[M].滕守尧,朱疆源,译.北京:中国社会科学出版社,1985.

[28] 王朝闻.审美谈[M].北京:人民出版社,1984.

[29] 钱钟书.谈艺录[M].香港:国光书局,1979.

[30] 李植权.商业心理学[M].武汉:湖北科技出版社,1986.

[31] E·赫洛克.服装心理学[M].吕逸华,译.北京:纺织工业出版社,1986.

[32] 马克思,恩格斯.马克思恩格斯选集[M].北京:人民出版社,1972.

[33] 赵平,吕逸华.服装心理学概论[M].北京:中国纺织出版社,2004.

[34] 玛丽琳·霍恩.服饰:人的第二皮肤[M].乐竞泓,等,译.上海:上海人民出版社,1991.

[35] 金哲.当代新术语[M].上海:上海人民出版社,1988.

[36] 宸装.女人的力量:女首脑的人生启示录[M].武汉:湖北人民出版社,2007.

[37] 邓永成.中国营销理论与实践[M].上海:立信会计出版社,2004.

[38] 凯文·莱恩·凯勒.战略品牌管理[M].李乃和,译.北京:中国人民大学出版社,2008.

[39] 丁邦清.品牌成功链[M].北京:机械工业出版社,2007.

[40] 李飞.名牌王[M].北京:首都经济贸易大学出版社,1997.

[41] 华梅.服饰社会学[M].北京:中国纺织出版社,2005.

[42] 陈东生,等.新编服装心理学[M].北京:中国轻工业出版社,2005.

[43] 廖军.视觉艺术思维[M].北京:中国纺织出版社,2001.

[44] 王令中.视觉艺术心理[M].北京:人民美术出版社,2005.

[45] 杨小凯.新潮着装艺术[M].北京:中国国际广播出版社,1988.

[46] 吴卫刚.服装美学[M].北京:中国纺织出版社,2000.

[47] 陈东生,吴坚,等.新编服装心理学[M].北京:中国轻工业出版社,2005.

[48] 罗兰·巴特.流行体系:符号学与服饰符码[M].敖军,译.上海:上海人民出版社,2000.

[49] 陈新峰.时代流行风[M].北京:中国文史出版社,2007.

[50] 陆乐.现代服装搭配学[M].上海:东华大学出版社,2002.

[51] 孔令智,等.社会心理学新编[M].沈阳:辽宁人民出版社,1987.

[52] 林海.英国品牌的启示[M].北京:企业管理出版社,2007.

[53] 曲江月.中外服饰文化[M].哈尔滨:黑龙江美术出版社,1999.

[54] 邬烈炎,等.外国艺术设计史[M].沈阳:辽宁美术出版社,2003.

[55] 张建隆.看见老台湾[M].台湾:玉山社出版事业股份有限公司.1999.

[56] 特·弗·科兹洛娃,等.服装设计基础[M].朱钰敏,程启,译.北京:纺织工业出版社,1987.

[57] 张竞琼,等.浮世衣潮之评论卷[M].北京:中国纺织出版社,2007.

[58] 《中国百科年鉴》编辑部.中国百科年鉴[M].北京,上海:中国大百科全书出版社,1981,1982.

[59] 卞向阳.服装艺术判断[M].上海:东华大学出版社,2006.

[60] 刘晓刚.时装设计艺术[M].上海:东华大学出版社,2005.

[61] 刘晓刚.服装设计大师作品[M].上海:中国纺织大学出版社,2000.

[62] 凯文·莱恩·凯勒.战略品牌管理[M].李乃和,译.北京:中国人民大学出版社,2008.

[63] 刘晓刚.奢侈品学[M].上海:东华大学出版社,2009.

[64] 杨杨.限量版奢侈品[M].北京:北京工业大学出版社,2012.

[65] 孙钥.奢侈男人[M].沈阳:哈尔滨出版社,2011.

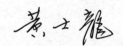

后　记

　　《服装文化概论》脱胎于《现代服装文化概论》,对原来的十三章进行归并、压缩、删节后成十章。原第二章并入第一章,删去第三章。第十一章两节分别并入第二章和第三章。

　　总体来看,新作对整体结构,特别是理论性的语句、段落等,作了较大的调整和删改,力求简洁明了,利于阅读和教学使用。

　　本教材的问世,离不开很多朋友的大力相助。

　　国家二级制版师、上海服装行业协会特聘培训师朱开荣,在繁忙的工作之余,硬是抽出时间,对本教材的插图用心选配、修绘;

　　学友陈会森对书中图表数据的整理和核对,几多反复,几多坚持,亦付出颇多心力;

　　青年教师仇佳华对附录奢侈品表格的制作,更是花费大量的精力,查阅相关书籍,搜集、梳理、比对资料,校核译名、素材等;

　　上海纺专校友周菁同学远在大洋彼岸传来久觅不得的美国纺织服装崛起的标志性塑像图像;

　　为寻觅20世纪六七十年代恰当、合适的衣装图片,梓里同好乔光展、周宝华夫妇费神不少;

　　在此付印之际,对以上朋友、老师一并谨致谢忱。

黄士龙